제목 글씨 **양미라**
글 **이당**
교정 **오당**
사진 **이당, 소리**

〈참고서적〉
김탁환 『아름다움은 지키는 것이다』
이어령 『젊음의 탄생』
정보상 『유럽에서 꼭 가봐야 할 여행지 100』
장용준 『파리 갈까?』
『Easy 유럽 3, 4권』
남태희 『이탈리아』
『Louvre 300점의 걸작품』 한국어판
『Gondola』 이탈리아어판
『로마와 바티칸 시국』 일본어판

가족여행기 3

여행품격

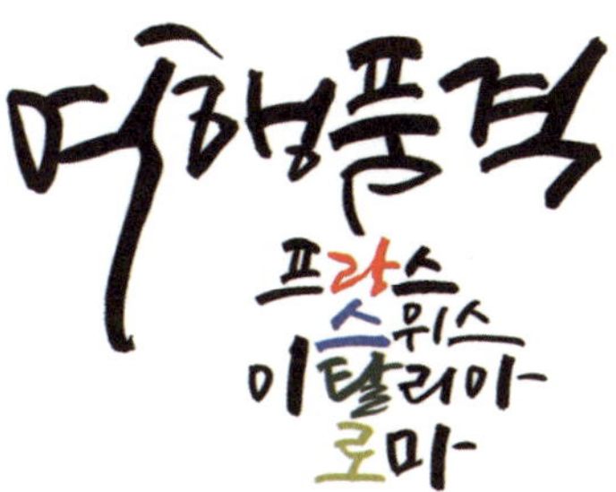

이종태

파리 OECD 대한민국 대표부에 근무하는 딸 소리의 초대로 〈랑, 스, 탈. 로〉 여행이다.

아들 이왕 감독은 직장에 매인 몸이어서 동행하지 못했다.

가족여행은 항상 함께였는데 무척 아쉽다.

프랑스는 9년 전(2013년)에 우리 가족 4명이 3주간 여행했다.

이번에는 딸과 셋이 프랑스와 스위스, 이탈리아, 로마 21일 여행이다.

소리가 일정을 잡고 비행기 표와 모든 스케줄을 정하고 예매 예약했다.

코로나 봉쇄가 풀리면서 시작되는 여행이어서 모든 경비가 비쌌다.

코로나 3차 유행이 번지면서 취소할까 고민하다가 백신 접종 영문 증명서를 챙겨 강행했다.

스위스에서 자연의 경이로움과 장엄함을 보았고,

이탈리아와 로마, 프랑스에서 인간의 무한한 능력과 문명의 역사를 보았다.

최고의 여행이었다.

8월 15일부터 9월 4일까지 3주간의 가족여행에서 새로운 여행의 멋과 여유를 느꼈다.

딸이 선물한 품격 높은 여행이었다.

도시소설가 김탁환의 『아름다움은 지키는 것이다』와

이어령의 『젊음의 탄생』을 가지고 가서 여행하면서 읽었다.

FRANCE

UNITED
KINGDOM
BELGIUM
Auvers-sur-Oise 오베르쉬와즈
Paris 파리
Versailles 베르사유
Strasboufg
스트라스부르
Fontainebleau 퐁텐블로
SWITZLAND
Avignon 아비뇽
Aix-en-Provence
엑상 프로방스
Arles 아를

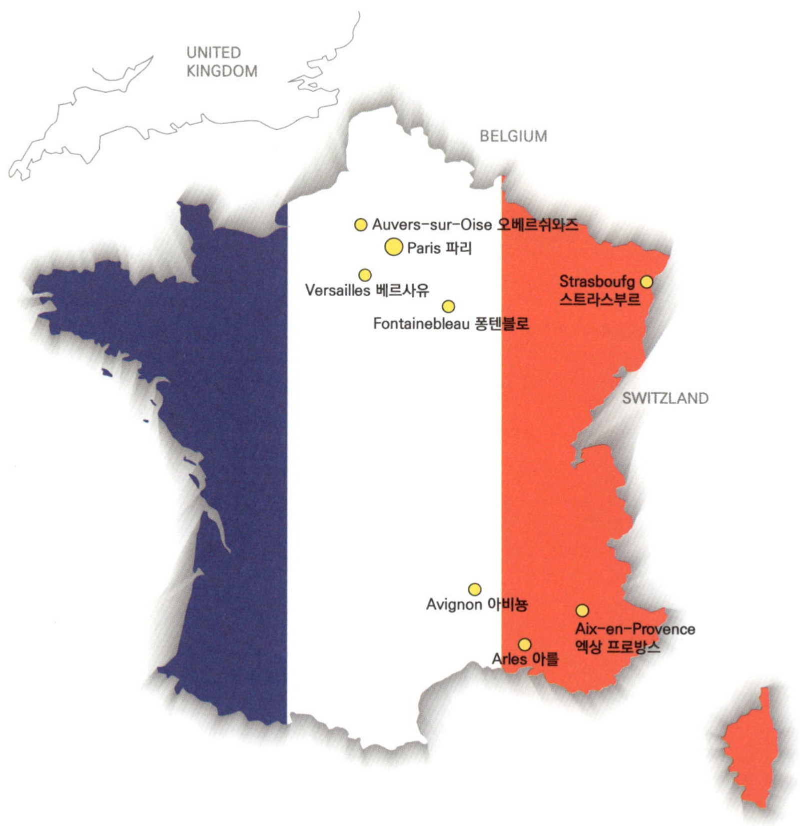

프랑스

면적 : 643.8㎢. 인구 : 6700만. 수도 : 파리.

프랑스는 매년 약 7천만 명의 관광객이 방문하는 세계 최고의 관광국이다.

프랑스는 지리적으로 유럽의 중심지이기도 하지만 과거와 현재의 영광이 조화롭게 공존하고 있는 곳이다. 프랑스 사람들의 치열한 노력과 정성 덕분이다.

유럽은 물론 세계의 문화, 예술의 중심지로서 오랜 역사를 자랑해온 프랑스는 과거 화려한 역사를 지녀온 수많은 나라가 쇠퇴나 몰락의 길로 접어든 것과는 달리 현재에 이르러서도 세계 최강대국의 하나로 자리 잡고 있다.

서유럽에서 가장 넓은 국토를 가진 프랑스는 전체적으로 육각형의 모양이다. 북서쪽으로 도버해협, 서쪽으로 대서양, 남동쪽으로 지중해, 동쪽으로 독일, 스위스, 이탈리아와 접한 알프스, 북동쪽으로는 벨기에, 룩셈부르크와 접해 있다.

프랑스의 수도 파리는 예술의 도시, 관광의 도시, 쇼핑의 도시이다.

에펠탑과 개선문, 샤크레 쾨르 성당, 루브르 박물관, 오르세 미술관, 샹젤리제 거리, 노틀담 성당, 베르사유 궁전, 몽생미셸 수도원, 스트라스부르의 쁘띠 프랑스가 관광객을 유혹한다. 북부 프랑스와 남부 프로방스의 자연과 풍광이 아름답다.

SWITZERLAND

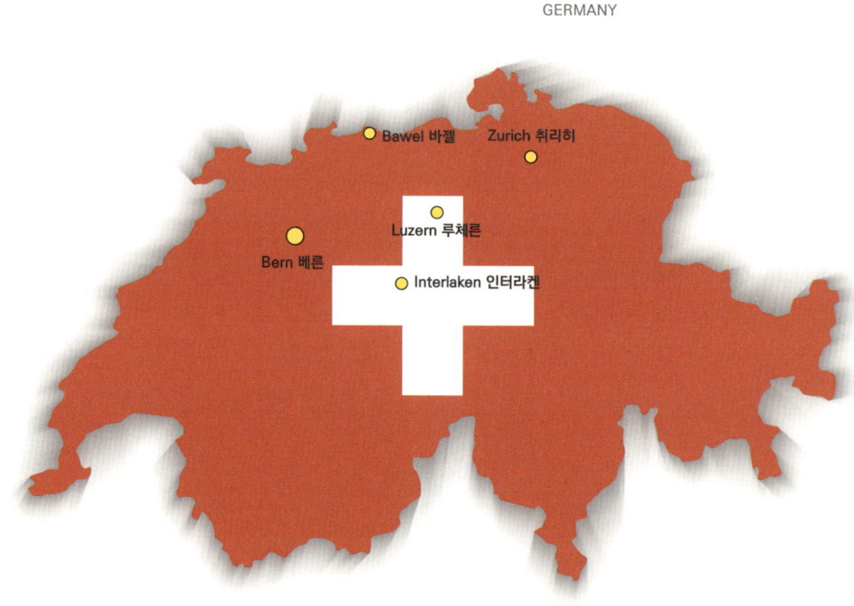

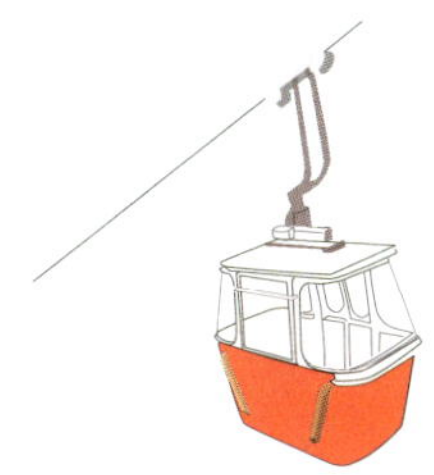

스위스

면적 : 42.28㎢. 인구 : 850만. 수도 : 베른

아름다운 자연과 그 자연을 지혜롭게 극복한 사람들의 노력과 정성을 감동
으로 확인하는 최고의 힐링 관광지이다.

아름다운 산과 호수, 산악지대를 달리는 빨간 열차, 한가로이 풀을 뜯는 목
장 풍경, 스위스 국제은행과 시계, 초콜릿과 치즈, 자연과 인간이 함께 만든
매력 덩어리이다.

프랑스. 이탈리아, 독일과 오스트리아, 리히텐슈타인으로 둘러싸인 내륙국
가이다. 동서로 길게 뻗어있는 알프스산맥이 스위스 중심을 가로지른다.

4634m의 몬테로사와 4478m의 마테호른, 4158m의 융프라우에는 만년
설과 빙하가 덮여 있다.

높은 산 아래 깊은 골짜기에는 700개 이상의 호수가 있다.

스위스에서는 독일어와 프랑스어, 이탈리아어, 로만슈어를 사용한다.

ITALIA

SWITZERLAND
AUSTRIA
FRANCE
Milano 밀라노
Venezia 베네치아
Cinque Terre 친퀘테레
Firenze 피렌체
San Marino 산 마리노
Siena 씨에나
Roma 로마
Sardinia 사르데냐
Sicily 시실리

이탈리아

면적 : 301.2㎢ 인구 : 6213만. 수도 : 로마

유럽 여행 중에 가장 먼저 찾는 나라이다.

볼 것도 많고 할 일도 많은 곳이다. 거대한 고대문명의 유적에서 화려한 르네상스 시대의 명품들, 세계를 열광시키는 축구와 스포츠카, 첨단 패션과 각종 명품에 이르기까지 어느 하나 빼놓을 수 없는 나라. 세계 가톨릭의 중심지이면서도 공산당과 마피아가 공존하는 나라. 지중해의 강렬한 태양과 갖가지 맛있는 음식들이 있는 곳이다.

파스타와 젤라토가 여행자의 구미를 노리고 있다.

〈로마〉

거대한 역사의 도시 로마. 세계에서 가장 거대한 제국을 구축했던 나라. 로마를 빼놓고는 서양의 역사를 이야기할 수 없다. 로마는 인류사를 통틀어 가장 거대하고 가장 강력한 제국을 구축하여 오랫동안 세계의 중심이 되었던 곳이다. 서양문화의 뿌리를 이루는 가톨릭의 본산이다. 유럽의 모든 나라 중 로마의 영향을 받지 않은 나라는 없을 것이다. 로마에는 연간 천만 명의 관광객이 몰려온다.

VATICAN

바티칸 시국

면적 : 0.44km^2 인구 : 1400명. 언어 : 라틴어, 이탈리아어.

면적과 인구가 세계에서 가장 작은 도시국가이다.

면적은 우리나라 서울 여의도의 1/6 정도이다.

이탈리아 로마시에 둘러싸인 도시국가로 로마 주교이자 세계
가톨릭 주교단의 단장인 교황이 국가 원수이다.

1984년, 국가 전체가 유네스코 세계유산으로 지정되었다.

포토스케치

8월 14일 (일)

공주 – 서울

출발 – 랑.스.탈.로 ·········· 18

8월 15일 (월)

인천공항 – 파리 샤를 드골 공항

엘리베이터에 갇히다니! ·········· 22

8월 16일 (화)

에펠탑. 오페라 극장

오페라극장의 바캉스 ·········· 30

8월 17일 (수)

인터라켄, 하더클룸

스위스로 가자 ·········· 38

8월 18일 (목)

피르스트, 브리엔츠 호수

산이 좋다 호수가 좋다 ·········· 52

8월 19일 (금)

트뤼멜 바흐 동굴, 뮈렌 마을

동굴 폭포와 하늘 아래 첫동네 뮈렌 ····· 69

8월 20일 (토)

루체른, 리기 산

중세 도시 루체른과 리기 산의 절경 ······· 76

8월 21일 (일)

슈탄저호른, 빈사의 사자상

슈탄저호른의 할아버지 연주단 ··········· 98

8월 22일 (월)

자르당 공원, 센강

구글맵으로 길 찾아 보세요 ·············· 110

8월 23일 (화)

마르모탕 모네 미술관, 미라보 다리

OECD 대한민국 대표부 ················· 116

8월 24일 (수)

바카라 크리스탈 레스토랑

김태희 씨와 만찬·····················124

8월 25일 (목)

루브르 박물관

모나리자와 가나의 혼인잔치·············130

8월 26일 (금)

바티칸 시국

작지만 큰 나라, 바티칸 시국··············138

8월 27일 (토)

포폴로 광장, 스페인 광장, 트레비 분수, 나보나 광장
판테온 성당, 베네치아 광장, 콜로세움

걸어서 로마 속으로····················148

8월 28일 (일)

산타 마리아 성당(진실의 입), 산타 세실리아 성당, 도보다리

거짓말이면 손이 잘린다·················170

8월 29일 (월)

베네치아

400개의 다리로 연결된 베네치아········ 180

8월 30일 (화)

무라노 섬. 부라노 섬

유리공예와 레이스 수예·················· 188

8월 31 (수)

산 마르코 광장. 산 조르지오 마죠레 성당. 두칼레 궁전

곤돌라로 베네치아를 누비다 ············· 198

9월 1일 (목)

베네치아-파리

리알토 다리의 선물, 그라찌에! ············ 212

9월 2일 (금)

베르사유 궁전

여행의 마침표, 베르사유 궁전············ 220

9월 3일 (토)

파리-서울

파리의 선물······················232

9월 4일 (일)

인천공항-공주

태풍 힌남노가 오기 전에 봉곡리 안착···236

에필로그·······················238

진정한 여행이란
새로운 풍경을 보는 것이 아니라
새로운 눈을 가지는 것에 있다.

여행풍격
프랑스
스위스
이탈리아
로마

출발 – 랑.스.탈.로

6시 40분 기상.

덜 마른 운동화를 선풍기와 헤어드라이어로 서둘러 말렸다.

8시, 아침 식사를 하고 가방 4개를 레이^{Ray} 뒤 트렁크에 실었다.

이왕 감독한테 줄 채소와 과일 반찬거리는 뒤쪽 의자 위에 놓았다.

9시 출발.

중부지방에 호우주의보 발령. 봉곡리를 출발, 공주 IC로 진입해서 논산천안고속도로를 달렸다. 앞을 보기가 불편하도록 비가 쏟아졌다. 천안에서 경부고속도로로 접어들어 평택을 지나 안성을 지날 때 비가 잦아들었다. 11시경에 서울 톨게이트를 통과해서 한남대교로 한강을 건넜다. 강변도로로 들어가 정릉터널을 지나 홍은동까지 자동차 전용도로를 달렸다. 신호등 없이 논스톱으로 홍은동에 도착했다.

11시 40분.

아들 이 왕 감독이 초원아파트 앞에서 양손을 흔들며 반갑게 맞이했다.

아파트 4층으로 큰 가방을 들고 올라갔다. 딸 소리가 주문한 반찬거리와 화장품, 마스크, 전기 파리채를 꾹꾹 눌러 담았다. 수하물 허용 무게 32kg이 넘을까 봐 걱정이다.

이 감독이 차린 점심상, 백반과 동죽 미역국, 멸치볶음, 갓 구운 소고기를 맛있게 먹었다. 아들의 반바지를 빌려 입고 의자에 기대어 앉아 책을 읽었다. 루이스 세풀베다의 장편소설 『연애소설 읽는 노인』을 보다가 잠이 들었다.

전화벨 소리에 잠이 깼다. 파리에서 소리가 전화했다.

"아빠, 짐 다 챙기셨어요? 아빠는 이코노미석 수하물 23kg 1개, 엄마는 비즈니스석 수하물 32kg 2개가 가능해요."

"알았어. 내일 드골 공항에서 만나자."

전화를 받고 가방을 다시 챙겼다. 가방의 무게를 대충 따져보고 수하물 가방과 기내 가방을 정리했다. 휴대폰 보조 배터리를 기내 가방으로 옮기고 배낭을 조금 큰 것으로 바꾸었다.

짐을 꾸리는 동안 이 감독이 산책을 마치고 돌아왔다. 저녁상으로 계란말이를 만들고 떡갈비를 구웠다. 봉곡리에서 가지고 온 오이지와 열무김치에 백반을 한 그릇씩 펐다. 한식 요리사 자격증이 있는 이 감독의 요리가 모양도 좋고 맛도 좋았다.

엘리베이터에 갇히다니!

4시에 기상해서 짐을 챙겼다. 이 감독이 샐러드와 우유로 아침상을 간단히 마련했다.

6시. 레이로 출발해서 7시에 인천공항에 도착했다. 먼저 A 코너에서 티켓팅을 하고 수하물을 부쳤다. KT와 LGU+에서 해외 로밍을 했다. 해외 여행자보험을 5만9천 원에 가입했다.

수하물 검사 코너에서 전화가 왔다.

"확인할 게 있으니까 잠시 수하물 검사 코너로 와주시면 감사하겠습니다."

전기 파리채가 문제였다. 배터리식이라면 배터리를 분리하면 되는데, 충전식은 화재 염려가 있다고 이리저리 살펴보았다. 그러더니 가방에 다시 넣어주었다.

이 감독과 포옹하고 헤어졌다.

출국 통관 검사대에서 기내 가방을 풀었다. 손톱 깎기와 클렌징폼이 문제가 되었다. 손톱 깎기는 다시 집어넣고 클렌징폼은 용량초과라면서 압수했다. 오당이 아깝다고 서운해했다.

자동 출국심사대를 통과했다.

오당은 허리가 불편해서 비즈니스 좌석으로 예약했다.

"여보, 비즈니스 라운지에서 쉬다가 와요. 시간이 많으니까 천천히 와요."

나는 게이트로 가고, 오당은 비즈니스 라운지로 갔다.

오당이 25분 만에 나왔다.

"당신한테 미안해서 빨리 왔어요."

"아니, 무슨 미안? 천천히 쉬다가 오길 바라고 책을 읽고 있었는데."

10시에 탑승, 10시 45분에 이륙했다.

파리 드골 공항까지 14시간 30분이 걸린다.

먼저 영화를 구경했다. 프랑스 영화 마르텔 프로보스트의 〈How to be a good wife〉를 감상했다.

12시가 되자 점심으로 쌈밥이 나왔다.
식사를 하고 화장실에 다녀와서 다시 영화를 감상했다.
한국 영화 박대민 감독, 송새벽과 박소담 주연 〈특송〉
이돈구 감독, 손현주 박혁권 주연 〈봄날〉
이정훈 감독, 박정민 이성민 주연 〈기적〉
박경목 감독, 김영옥 김영민 주연 〈말임 씨를 부탁해〉

비행기 탑승 시간, 14시간 30분은 참으로 길고 지루했다. 좁은 좌석에 끼이듯이 앉아있기가 너무 불편하다. 영화를 보다가 화장실에 갔다가, 식사를 하고 졸다가, 다시 영화를 보다가, 통로를 왔다갔다 걷다가, 구석에서 맨손체조를 하다가…. 허리도 아프고 좀이 쑤셔서 견디기가 힘들었다.

오후 5시 45분, 드디어 파리 드골 공항에 착륙했다. 수하물 코너로 갔다. 앗 컨베이어 벨트가 고장 나서 한 시간 가량 대기했다.

6시 45분, 수하물을 찾아서 대합실로 나왔다. 마중을 나온 소리가 손을 흔들면서 반가워했다. 소리와 친하게 지내는 김태희 언니가 차를 가지고 같이 나왔다. 뒤 트렁크에 가방을 싣고 배낭은 의자에 놓았다.

"휴대폰도 감추고 배낭과 가방도 의자 밑으로 숨기세요. 터널을 지날 때 차가 밀리면 강도(?)들이 나타나서 차창을 깨고 가방과 휴대폰을 빼앗아가요."

"이런 제기랄, 선진국 프랑스 맞아? 파리 치안이 도둑놈 소굴이란 말이야?"

기분이 상한 채로 가방을 의자 밑으로 숨기고 휴대폰은 주머니에 넣었다.

다행히 터널을 지날 때 차가 밀리지 않고 정체되지 않아서 도둑들의 습격은 없었다.

7시 35분, 소리 숙소에 도착했다.

센강 옆에 있는 라디오 프랑스 방송국 옆 골목 떼호필로 고띠에 THEÓPHILE GAUTIER.

대문을 열고 또 안쪽 문을 열고 엘리베이터 앞에 섰다.

"아빠, 제가 먼저 올라가서 3층에서 기다릴게요. 큰 가방 두 개를 먼저 올려보내고 그 담에 엘리베이터를 타고 올라오세요."

작은 가방을 싣고 소리와 오당이 먼저 올라갔다. 잠시 후에 내려온 엘리베이터에 큰 가방을 두 개 싣고 나도 타버렸다. 엘리베이터 문이 닫히다가 삐죽한 채로 멈추었다. 내가 손으로 밀면서 탁 쳤다.

앗, 문이 열리지 않는다.

"아빠, 문이 안 열려요. 공간이 좁으니까 가방을 안쪽으로 당겨서 옮겨보세요. 센서가 작동하지 못하나 봐요"

당기거나 옮길 공간이 없이 비좁았다. 나는 옆으로 몸을 비틀기도 하고 앉아보기도 하고 가방을 위에 포개기도 했지만, 문은 열리지 않았다.

"제가 관리인한테 연락해볼게요. 주말이어서 근무하는지 모르겠어요."

"여보, 걱정하지 말고 느긋하게 기다리세요. 제가 곁에 있잖아요."

폐쇄공포증이 있는 나에게 오당이 위로하면서 안심을 시켰다.

"빨리 관리인한테 연락해 봐. 근무 안 하면 큰일인데…."

다행히 관리인이 전화를 받았다. 그런데 엘리베이터 기사가 전화를 안 받는단다.

"이걸 어떻게 해야 한담?"

관리인이 도착했다. 소리와 이야기를 주고받으면서 걱정을 했다. 엘리베이터 기사가 주말에 휴가를 가서 연락이 안 되니 어떻게 해야 하냐고? 그렇게 15분 정도 지났다. 아니, 몇 시간이 지난 것 같이 답답하고 불안했다. 바로 이때, 문 위의 센서가 깜빡깜빡하더니 문이 반쯤 삐죽이 열렸다. 내가 손으로 문을 확 열어젖히고 밖으로 나왔다.

"후유…"

그런데 엘리베이터가 움직이지를 않는다.

"아이유, 그나마 다행입니다. 엘리베이터는 월요일에 고치면 됩니다."

봉곡리 촌놈이 파리에 와서 호되게 신고식을 했다. 숙소로 들어갔다. 찐득찐득 진땀이 났다.

"아빠, 고생하셨어요. 방문과 정문 열쇠 사용도 조심해야 해요. 문을 잠글 때는 먼저 열쇠를 넣고 오른쪽으로 두 번 돌리고 세 번째 반 바퀴를 돌린 후 빼야 해요. 문을 열 때는 반대로, 왼쪽으로 두 번 돌린 후 세 번째 반 바퀴 돌려서 당기면 돼요. 열쇠를 꽂은 채로 문이 닫히면 열 수 있는 방법이 없어서 문을 부수어야 해요. 그리고, 정문은 버튼을 누르고 바로 문손잡이를 밀어야 해요. 버튼을 누른 다음 시간이 늦으면 말을 안 들어요. 제가 해볼 테니 따라 해보세요."

서너 번을 따라 했지만 제대로 되지 않았다. 가슴이 쿵쾅거렸다. 2008년, 중국 남경 기숙사에

서도 열쇠로 고생했는데, 파리에서도 열쇠가 겁을 준다.

소리가 만든 김치 국수와 돼지고기구이로 저녁 식사를 했다. 동남 창으로 반짝반짝 에펠탑이
보였다.
"엄마빠, 에펠탑까지 센 강을 산책하시죠."
방문과 정문을 두세 번 열어보고 잠가본 후 숙소를 나섰다. 〈라디오 프랑스〉 방송국 건물을
끼고 돌아 센 강 그르넬GRENELLE 다리에서 에펠탑을 바라보았다. 강바람을 맞으며 인공섬으
로 접어들어 강변을 걸었다. 에펠탑이 점점 가까이 다가왔다. 뷰가 바뀔 때마다 사진을 찍었
다.
파리의 첫날 밤이다. 9년 전에 다녀간 곳이어서 낯설어 보이지 않았다.

센강 산책을 마치고, 간단히 손발을 씻고 책을 폈다.

센강LA SEINE

파리를 관통하며 유유히 흐르는 센강은 파리 관광의 중심지이다. 센강의 유람선을 타고 가면서 파리의 명
물과 유적을 더듬어 볼 수 있어서 관광의 필수 코스이다. 센강은 고풍스런 건물들과 노틀담 대성당, 루브
르 박물관, 오르세 미술관, 에펠탑과 같은 역사 유적지를 올망졸망 거느리며 여유롭게 흘러간다.
센강에는 30여 개의 다리가 놓여있다. 파리를 찾은 관광객이 가장 많이 건너다니는 생 미셀 다리, 파리에
서 가장 오래된 400년 역사의 옛날 다리지만 여전히 새로운 다리라는 이름의 퐁네프 다리. 이 다리는 영
화 〈퐁네프의 연인〉으로 유명해진 연인의 다리, 에펠탑 가까이 있는 비라켕 다리-영화 〈파리에서의 마지
막 탱고〉를 촬영해서 유명한 다리, 머리 위로 열차가 달리고 다리 아래로 센강이 흐르는 2층 다리, 가장 걷
기 좋은 보행자 전용 다리요 예술의 다리라는 이름의 퐁데자르 다리, 다이애나 왕세자비가 파파라치를 따
돌리다가 교통사고로 숨진 다리 밑 지하도로 유명해진 알마 다리, 아폴리네르의 시로 유명한 미라보 다리.
"시간이 흐르고 세월이 지나도 흐르는 시간과 떠난 사람은 돌아오지 않고 미라보 다리 아래 센강은 흐른
다……"
센강 위의 30여 개 다리는 각각의 아름다운 사연과 애틋한 역사가 있다.
센강 다리에서 사랑의 약속과 여행의 피로를 풀어보심이 어떠하신지요?

김탁환의 『아름다움은 지키는 것이다』.
도시 소설가 김탁환이 농부 과학자 이동현을 만난 이야기다. 우리가 만나서 사랑한 곡성이어서 더욱 반가운 책이다. 보던 책을 가져와서 계속 읽으니 집에 있는 것처럼 편안해서 좋다.

소리한테 네 권의 책을 주었다. 두 권은 작년에 내가 쓴 수필집 고향이야기 『어리비기』와 방송 수필집 『아나운서 이종태입니다』이다. 두 권은 파킨슨병으로 고생하는 정신과 전문의 김혜남 박사가 쓴 『내가 재미있게 사는 이유』와 『어른이 되면 괜찮은 줄 알았다』이다.
내 책을 보면서 향수를 달래고, 김혜남 정신과 전문의의 책을 보면서 인생의 의미와 감사함과 용기와 위로를 느끼기를 바랐다.

휴대폰을 켰다. 대학 동창 강황구 형이 두 번이나 전화했다.
'황구 형, 유럽 여행 중이요. 9월 4일에 귀국해요.'
이삼평 연구회 사무국장 이재황 교수도 두 번이나 했다. 문자나 전화를 받다가 잘못하면 요금 폭탄을 맞으니 조심해야 한다고 해서 조심스러웠다. 밤 11시인데 계속 카톡과 문자, 전화가 들어왔다. 한국과 7시간 시차이니까 지금 한국은 새벽 6시, 하루가 시작되는 시간이다. 프랑스는 밤이고 한국은 낮이다. 폰을 또 꺼버렸다. 이대로 두면 밤새 잠을 잘 수가 없다.

파리 PARIS

프랑스의 수도 파리는 예술의 도시, 관광의 도시, 쇼핑의 도시이다. 에펠탑과 개선문, 샤크레 퀴르 성당, 루브르 박물관, 오르세 미술관, 샹젤리제 거리, 노틀담 성당, 베르사유 궁전, 몽생미셸 수도원, 스트라스부르의 쁘띠 프랑스가 있다.
파리 중심을 흐르는 센강. 776Km-북동부 디종 DIJON 부근 몽타셀로 산에서 발원하여 파리를 지나 노르망디 지역으로 흐른다. 센강은 고풍스런 건물들과 노틀담 대성당, 루브르 박물관, 오르세 미술관, 에펠탑과 같은 역사 유적지를 올망졸망 거느리며 여유롭게 흘러간다. 파리 시내를 흐르는 센강에는 37개의 다리가 있다. 퐁데자르, 콩코드 다리, 알렉산드르 3세 다리, 퐁뇌프 다리, 미라보 다리, 알마 다리, 비라켐 다리 등이 있다.

오페라 극장의 바캉스

밤새 잠을 설쳤다. 주방에서 오당이 아침을 준비하는 소리에 잠을 깼다.

폰을 잘 활용해야 한다. 데이터 로밍 차단과 연결. 와이파이 연결 사용. 구글맵 지도 사용법.
소리가 부재시 긴급 구원요청법. 그런데, 내 폰은 말을 잘 안 듣는다. 5년이 되어 늙어서 힘이
부치는지 제대로 써먹을 수가 없다. 머리가 붕붕거린다.

9시 30분, 아침 식사.
백반에 미역국, 낫또와 계란을 백반에 넣고 슥슥 비벼서 맛있게 먹었다.

가방 속의 옷들을 꺼내서 다리미로 죽죽 펴서 다렸다.
남방 2개와 바지 2개. 청 자켓 2개와 청바지 2개.
면 남방과 청바지를 입고 벼룩시장으로 갔다. 천막 가게 난전이 몇 개 안 된다. 바캉스 기간이
어서 대부분 휴가를 떠난 모양이다. 채소와 과일, 생선과 빵 가게로 네 군데뿐이다.

"자, 오늘은 파리 산책입니다. 에펠탑까지 센 강변을 걸어보시죠."
소리와 나란히 센 강변로를 걸었다. 흐린 날씨에 강바람까지 솔솔 불어서 산책하기에 참 좋다.
에펠탑에 도착했다. 오가는 관광객이 꼬리에 꼬리를 물고 몰려들었다. 사진을 찍는 사람, 티켓
을 사는 사람, 에펠탑을 오르내리는 사람, 유람선에서 오르내리는 사람들로 북적거렸다.
"아빠, 소매치기 조심하세요. 우리는 얼른 봐도 관광객 티가 나니까 조심해야 해요."

가방을 앞으로 돌리고 사진을 몇 장 찍었다. 바캉스 철이어서, 파리에 파리 시민은 적고 외국 관광객만 많이 몰려왔다.

북적거리는 에펠탑 주변을 빠져나와서 파리 시립 현대미술관으로 갔다. 창밖의 에펠탑을 간간이 내다보면서 프랑스 현대 미술을 여유롭게 감상했다.

1시. 택시를 불러 타고 쁘렝땅PRINTEMPS 백화점 6층 레스토랑으로 갔다. 아, 여기서는 뒤쪽으로 몽마르트르 언덕도 보인다. 식사를 마치고 옥상에서 몽마르트르 언덕과 시가지를 내려다보았다.

쁘렝땅 백화점 레스토랑을 나와서 오페라 극장으로 갔다.

오페라 극장은 1875년에 착공해서 14년만인 1889년에 완공한 명물이다. 입구 주변이 관광객들로 이미 장사진이다. 바캉스 철에는 공연이 없어서 휴관이다. 공연은 못 보더라도 건물이라도 구경하라고 관광객을 위해서 문을 열어 놓았다. 입장료가 12유로, 관람객이 건물 안팎으로 넘쳤다.

에펠탑 LA TOUR EIFFEL

에펠탑은 파리의 하늘이다. 평지의 도시인 파리를 한 눈에 볼 수 있는 파리의 전망대이다.

파리 관광의 중심이 되는 에펠탑은 일직선으로 흐르던 센강이 남서쪽으로 휘어지는 곳에 자리하고 있다.

에펠탑은 320m의 철근을 노출시킨 격자형 철탑으로 높이가 318.4m이다. 만 8천개의 철근으로 된 대들보와 250만 개의 리벳으로 조립했다.

1889년, 프랑스 혁명 100돌 기념 파리 만국박람회를 위해서 만들었다.

탑의 이름은 이 탑을 세운 프랑스 건축가 구스타브 에펠의 이름에서 따온 것이다.

에펠탑은 자주 보면 좋아지고 긍정적인 견해를 가지게 되는 '에펠탑의 효과'라는 용어도 만들어냈다. 탑을 세울 당시 파리 시민들은 흉물의 철탑이 파리의 미관을 해친다고 극렬히 반대했으나 파리 시내 사방에서 보이는 에펠탑에 호기심을 가지게 되어 철거 위기를 벗어나 파리의 명물이 되었기 때문이다.

바캉스에 이렇게 많은 관광객이 찾아온다면 특별 공연을 해야 하는 것 아닌가?

건물 내벽의 장식이 장관이다. 바닥과 벽, 천장이 정교한 예술 작품으로 우아하고 화려하게 치장되어 있다. 베르사유 궁전보다도 더 화려하다고 한다.

역대 관장과 지휘자 출연자들의 사진과 의상이 진열 전시되고 있다.

오페라 악보와 관계 서적이 벽마다 차곡차곡 쌓여있다. 공연이 없는 오페라 극장인데도 세밀하고 중후한 멋에 감동했다. 박수를 치면서 밖으로 나왔다.

H&M 백화점으로 갔다.

스위스 융프라우 관광 일정의 일기예보에 비가 내린다고 해서 온천을 대신하기 위해 수영복을 사기로 했다. 수영복을 고르는 동안 소리는 내일 스위스로 출발하는 기차표를 사러 갔다.

갑자기 화장실에 가고 싶었다.

"이 건물엔 화장실이 없습니다. 죄송합니다."

아니, 무슨 백화점이 화장실도 없단 말인가?

"여보, 카운터 앞에서 기다려요. 화장실 갔다가 이리로 올게요."

백화점을 나와 옆에 있는 다른 백화점으로 들어갔다. 화장실이 6층에 있다고 해서 올라갔더니 옥상으로 연결되는 통로에 많은 사람들이 웅성거리며 소란스러웠다. 밖에는 소나기가 쏟아지고 사람들은 머리를 가리고 내달았다. 화장실이 보이지 않았다. 다시 다른 화장실을 찾아 4층에서 간신히 해결했다.

"어 시원하다. 큰일 날 뻔했다."

오당이 기다리는 백화점 카운터로 가서 소리와 만났다.

소리는 13장의 기차표를 예매해왔다.

수영복을 사 들고 백화점을 나왔다. 아직도 소나기가 쏟아지고 있다.

우왕좌왕 많은 사람들이 달렸다. 우리도 비를 맞으며 지하철 입구로 달렸다. 소리가 10회 사용할 수 있는 지하철 티켓을 사서 주었다. 숙소가 있는 자스망JASMIN 역으로 가는 지하철을 탔다. 젊은이 두 사람이 벌떡 일어나서 자리를 양보했다.

"Oh, No thank you."

우리는 사양했다. 그러나 두 젊은이는 이미 자리를 비우고 문 쪽으로 비켜섰다.

아니, 파리시민이 대한민국 젊은 노인에게 자리를 양보하다니, 갑작스런 친절에 당황했지만 고마웠다. 눈인사를 보냈다. 아들과 아빠로 보이는 부자 같았다.

"고맙습니다. 부자 되세요!"

자스망 역에 도착했다. 2번 출구 RIVERA 쪽으로 나갔다. 비가 계속 내렸다. 숙소까지는 5분 거리이다. 종종걸음으로 걸어서 떼호필로 고띠에로 갔다.

"이런, 거실에 비가 들이쳤어요."

창문을 열어놓고 나간 바람에 비가 들이쳐서 거실 바닥에 흥건히 빗물이 고였다. 창문을 닫고 걸레로 바닥을 훔쳤다. 샤워를 하고 다시 가방을 꾸렸다.

내일은 스위스로 간다. 등산복과 등산화, 바람막이 옷과 경량다운, 우의와 우산, 온천용 수영복과 따뜻한 내의를 챙겼다.

내일 새벽 7시 22분에 리옹 역에서 스위스행 기차를 타야 한다.

알람시계를 5시에 맞추었다.

이것저것 챙기다가 밤 9시에 저녁을 먹었다. 오당은 미역국만 조금 먹었다.

스위스로 가자

새벽 5시. 알람이 우리를 깨웠다.

세수하고 갑상선 약 신지록신을 한 알 먹었다.

5시 50분, 오당이 차린 아침밥상을 받았다. 백반에 가지나물, 돼지고기볶음, 양배추 볶음, 깍두기 김치를 맛있게 먹었다.

오당과 소리는 먹지 않았다.

6시 20분, 가방 3개와 배낭 3개를 챙겨서 아래층으로 내려갔다. 엘리베이터를 타지 않고 가방만 실어 내려보내고 걸어서 내려갔다. 뒤이어 오당과 소리가 가방 한 개를 가지고 엘리베이터를 타고 내려왔다.

숙소 밖으로 나왔다. 스마트폰 앱으로 부른 택시가 도착해서 깜빡거리고 있었다.

택시를 타고 센강 북로를 달려 20분 후 리옹 역에 도착했다.

떼제베^{TGV} 16호, 32-A, B 33-C에 나란히 마주 보고 앉았다. 나는 수첩에 메모하고 오당과 소리는 아침 요기로 빵과 우유를 먹었다.

7시 22분, 기차가 출발했다. 창밖으로 펼쳐지는 아침 분위기가 신선하다. 처음 보는 풍경인데 낯설지가 않았다. 3시간을 달려야 한다.

책을 펼쳤다.

김탁환의 『아름다움은 지키는 것이다』.

112쪽: 이 연구의 핵심은 화학살충제 대신 곤충병원성 세균인 Bt로 식물의 질병을 방제하는 것이다. Bt 세균이 내는 독성물질은 곤충에게 치명상을 입히는데 이를 통해 해충을 줄이려는 것이다. 이동현은 서울대학 석사과정에서 독소가 어떤 조건에서 더 치명적인가를 연구하다가 거부감을 느끼고 사퇴했다가 이제 일본 규슈대학 박사과정에서 곤충병원성 세균으로 식물을 지키고 가꾸는 연구를 하게 되었다. 간절히 원했던 연구 방향이었다. 그는 이번에도 빠르게 결단했다. 생명을 살리는 연구를 할 기회가 왔으니 자신을 던지기로 한 것이다. 일본어도 짧고 유학자금도 부족했지만 가서 부딪쳐 보기로 했다.

116쪽: 삶은 선택의 연속이다. 누구나 스스로의 선택에 책임을 져야 했다. 성공하든 실패하든, 그 결과를 고스란히 감내해야 한다. 어느 누구도 실패하기 위한 길을 선택하지는

않는다. 그가 귀국을 서두른 것은 미생물 연구자로 성공하기 위해서였다.

규슈대학에서 박사 후 연구원을 한 뒤 미국이나 유럽으로 활동영역을 넓히느냐? 바로 귀국해서 한국의 미생물학을 연구해서 한국농촌에 이바지할 것이냐? 더 멀리 날아갈 것인가? 그냥 되돌아갈 것인가?

두 길은 매우 다른 것이다. 결국 이동현은 미치오 교수의 권유를 사양하고 귀국하였다.

2003년, 이동현 대표는 35살이 될 때까지 곡성을 중요하게 여긴 적이 없었다. 불과 3년 뒤 2006년 곡성에 정착하여 미실란 기업의 대표로 농부의 길을 가게 되리란 것도 몰랐다.

곡성은 내가 23살에 KBS 남원방송국에 근무할 때 곡성 도림사 계곡에서 아내 오당을 만난 좋은 곳이다. 바로 그곳에 이동현이 살고 있다니 더욱 고맙고 반갑다.

가방에서 물병을 꺼내 한 모금 마시면서 앞에 앉아있는 아내 오당을 봤다.

71살, 반백 흰 머리에 살이 빠지고 주름진 모습이 콧등을 시큰하게 했다. 21살 예쁠 때 만나서 4년간 연애하고, 25살에 결혼해서 46년이 지나갔다. 나의 귀한 조강지처 오정숙, 더 건강하고 더 튼튼하게 해줘야겠다.

옆에 앉아있는 딸 소리가 벌써 42살이다. 아직 미혼이다. 결혼이 숙제이다. 해야 하는가? 말아야 하는가?

김탁환의 책을 읽으면서 20대 청춘의 사랑이 펼쳐지던 곡성으로 추억의 여행을 하면서 스위스로 달리고 있다.

149쪽: 씻나락! 툇마루 밑 오가리(장독)를 숨긴 까닭이 가족 먹을 곡물을 감추기 위해서만은 아니다. 오가리는 김 할머니 가족이 가장 소중한 것을 두는 비밀 금고이기도 했다. 툇마루 밑 오가리에 모신 씻나락을 떠올려본다. 거기에 철륭(지신을 모시는 신앙)이 깃드는 것은 농부에게 씻나락이 곧 목숨이기 때문이다.

나에게 소중한 물건은 무엇인가?

그 소중한 것을 숨겨 보관하는 오가리가 있는가?
오늘은 나도 내 마음의 오가리를 열고 씻나락을 품어야겠다.

9시 38분, 리옹 역을 떠난 지 2시간 16분 만에 벨포르^{BELFORT} 역에 도착했다.
곡성 역보다 작은 간이역인데 떼제베^{TGV}가 섰다. 역사가 작고 귀여웠다.
다른 기차로 환승했다.
2층 기차, 5호차 2층에 앉았다. 예약 표시의 노랑 스티커가 붙어있다.
종점 인터라켄 서역^{INTER LAKEN WEST}을 향해 출발했다.

156쪽: 인생에서 큰바람 한두 번 맞지 않는 이가 있을까?
큰바람을 맞고 간신히 살아나 회생하기도 하고 끝내 사라지기도 한다.
어떤 농부는 말한다. 재수가 좋아 피해를 적게 입었다고.
그러나 추수까지 태풍이 다시 불지 않는다고 믿는다면 어리석다.
태풍은 이름과 풍속과 방향을 바꿔 또 온다.
한 번은 행운일 수 있지만 계속 행운이 찾아들기를 바라면 안 된다.
원칙을 세우고 기본에 충실한 일상을 사는 것 외에 위기를 극복할 방법은 없다.

화학비료와 유기합성 농약을 사용한 농법과 친환경 농법으로 키운 곡물!
우리는 지금 어떤 곡물을 먹고 살고 있는가?

책을 읽는 동안 프랑스 국경을 넘어 스위스 바젤BASEL 역에 도착했다.
아니, 국경을 넘는데 아무런 제지가 없다니 신기하기만 하다.
우리는 언제쯤 마음대로 38선을 넘고 신의주로 러시아로 유럽으로 갈 수 있을까?

난생 처음 온 스위스!
알프스의 소녀가 보고 싶고, 〈사운드 오브 뮤직〉의 노래가 듣고 싶다.
책을 덮고 창밖을 따라 달렸다.
양쪽으로 펼쳐진 목장 풍경과 드넓은 초원이 시원하게 달린다.
검정색 뾰족지붕도 여기저기 휙휙 지나간다.
산악지대의 터널이 자주 나와서 우리 기차를 삼켰다가 내뱉고 내뱉었다가 삼켰다.
내리는 비에 안개까지 몰려와서 허공으로 몰아가고 있다.
완행 기차가 역마다 멈춰 서서 손님을 내려주고 태워주었다.
앗!
시골 역에서 잠시 멈춘 우리 기차가 갑자기 뒷걸음을 치고 있다. 오던 길을 되돌아가는 것이 아
니고 엉덩이로 산비탈을 기어오르는 것이다. 얼른 비어 있는 앞자리로 자리를 옮겨서 산 쪽으
로 몸을 틀었다. 안개인지 구름인지 앞이 보이지 않는데도 기차는 뒤로뒤로 잘도 올라가고 있
다. 산은 자꾸 높아지고 휙휙 날리는 구름 사이로 푸른 호수가 내려다보인다. 스위스는 안개
와 구름 사이로 높은 산도 보여주고 낮은 호수도 보여주었다.

건강한 스위스 산촌
차창으로 펼쳐지는 아름다운 자연경관을 보면서 망가지고 있는 우리 동네가 생각나서 속상해
졌다. 높으면 높은 대로 낮으면 낮은 대로, 비탈이면 비탈진 대로, 계곡이면 계곡에 자연스럽게
길을 내고 집을 앉혀 자연스럽게 살아가는 스위스 사람들이 참 부럽다.

190쪽: 인류가 최상위 포식자라고 해서 지구에서 살아가는 생명체를 마음대로 해서는
안 된다. 인간을 중심에 두고 생물들을 도구처럼 다루다간 심각한 재앙을 겪게 된다.

최근 반복해서 등장하는 전염병들은
인류가 지나치게 야생동물과 그들의
서식지에 접근하고 간섭하고 심지어
그 전부를 파괴해온 결과이다. 인류
가 지켜야 할 가장 간단하면서도 중
요한 태도는 거리두기이다. 야생동물
을 우연히 만나더라도 함부로 다가가
거나 만지지 않는 것이다.
산림과 습지에 도로를 만들고 인간을
위한 주거공간을 짓지 않는 것이다.
사람은 사람답게 살아야 하고 야생
동물은 야생동물답게 살아야 한다.

12시 51분.

우리 기차는 스위스 산촌 인터라켄 서역에 도착했다.

짙푸른 호수 두 개, 동쪽 브리엔츠BRIENZ와 서쪽 툰THUN이 마주보고 있다.

그래서 '호수 사이에 있는 마을'이란 뜻의 INTERLAKEN인터라켄이란다.

기차역 뒷산 정상이 하더클룸HARDER KULM이고, 앞쪽으로 펼쳐진 마을에 우리 숙소 백패커빌BACK PACKERS VILLE이 있다.

기차역에서 마을버스를 타고 두 정거장을 가서 내렸다. 바로 숙소 앞이다.

소리가 아는 집을 찾아가듯 잘도 찾아간다.

카운터에서 체크인하고 12호실로 들어갔다. 2층 침대가 2개인 4인용 방이다. 우리가 통째로 예약했다. 젊은이들이 많이 찾는 유스호스텔 같은 곳이다. 화장실은 안에 있고, 샤워실과 주방은 공동으로 사용한다. 조식은 아래층에서 빵과 우유로 할 수 있다.

짐을 풀고 간단한 차림으로 바로 숙소를 나왔다. 앞산 정상 해발 1322m의 하더클룸에 간다.

도보로 10분 정도 걸었다. 호수로 이어지는 아레^{AARE} 강을 건너 매표소로 갔다.

후니쿨라는 70도 경사의 비탈진 산 계곡 철길을 따라 올라갔다.

'후니쿨라 후니쿨라, 후니쿨라 후니쿨라!'

중학교 음악 시간에 후니쿨라를 배우면서, '나는 언제나 스위스에 가보나?' 그리워하던 스위스에 왔다. 등을 산 쪽 의자에 바짝 붙이고 발아래 까마득한 마을을 내려다보면서, '후니쿨라 후니쿨라'를 흥얼거렸다. 후니쿨라를 내려서 산 비탈길을 걸어가며 저 아래 펼쳐지는 아득한 마을을 바라봤다.

아찔한 전망대 옆 레스토랑으로 들어갔다. 절벽 위 난간 쪽으로 자리를 잡았다.

"엄마빠, 저기 멀리 보이는 곳이 융프라우예요. 우리가 모레 저기를 올라갈 예정인데 일기예보에는 비가 온대서 걱정이에요."

"히야, 저기가 융프라우라고? 비가 안 오면 좋겠다."

점심을 주문하고 멀리 구름에 가려 언뜻언뜻 보이는 4158m 융프라우JUNGFRAU를 바라보았다. 머리 위 창공에는 행글라이더 십여 개가 두둥실 날아다니고 있다. 우리는 양손을 높이 흔들며 인사를 했다. 하늘을 나는 이나 땅에서 손을 흔드는 우리나 다 같이 즐거운 마음이다.

인터라켄 마을 옆 두 개의 호수 물결이 청자 빛보다 강렬하고 시원해 보인다. 위 동쪽 호수는 브리엔츠, 아래 서쪽 호수는 툰, 융프라우 빙하가 녹아내린 호수다.

식사를 하고 전망대 난간에서 여러 장의 사진을 찍었다. 오른쪽 비탈에 젖소 목장이 평화로워 보였다. 숲속에서 산책하고 산길을 오르내리면서 스위스 산촌의 분위기에 푹 빠졌다.

2시간 동안 쏘다니다가 6시에 하산했다.

아레강으로 가서 양말을 벗고 두 발을 담갔다.
"아유, 시원해. 융프라우 빙하의 시원함이여. 가슴속까지 시원하다."
두 발을 강물에 담그고 고개를 들어 하더클룸을 올려다보았다.
위에서 내려다보던 아찔한 기분을 되살려 아래에서 위를 여유 있게 올려다보며 즐거워했다.

"아빠, 피곤하시니까 한 30분 정도 쉬었다가 산책하시지요."
"좋아, 좀 쉬었다가 나가자."
숙소로 돌아와서 씻지도 않고 침대에 벌렁 드러누웠다. 새벽부터 강행한 피로에 시차의 피로까지 겹쳐서 많이 피곤했다. 금방 곤한 잠에 빠져들었다.

"엄마빠, 저녁 드세요."
"응? 아니야, 그냥 잘래."
"샌드위치 사 왔어요. 조금 드시고 주무세요."
"아냐 아냐, 그냥 잘 거야, 너 혼자 먹어."

피곤한 잠에 곯아떨어졌는데 샌드위치가 무슨 소용이냐?
계속 잤다.
그런데, 뱀 꿈도 꾸고 시체 꿈도 꾸었다.
젠장, 꿈에도 몹시 시달려서 피곤하고 무서웠다.

산이 좋다 호수가 좋다

산이 좋다 호수가 좋다

밤새 무서운 꿈으로 시달리다가 6시 40분에 자리에서 일어났다.

자고 있는 소리를 두고 오당과 함께 공동 샤워실로 갔다. 다행히 아무도 없다.

1호실과 2호실에서 기분 좋게 샤워를 하고 속옷을 갈아입었다.

와우, 융프라우 정상에 걸친 구름이 아침 햇살을 받고 환하게 빛났다. 오후에 비가 내린다고 서둘러 출발하자던 소리는 쿨쿨 자고 있다. 동쪽 하늘이 붉고 환하게 변했다.

'오호, 날씨 좋은데, 오후에도 좋지 않을까?'

7시 30분, 소리가 일어났다.

아래층 레스토랑으로 내려갔다. 빵과 버터, 치즈, 잼, 콜라, 우유, 오렌지 쥬스를 챙겼다. 맛있게 먹었다. 어제저녁을 굶었으니 맛이 더 좋았겠지.

곡성 이동현의 〈반하다〉의 아침 식단은 뭘까?

귀국하면 아내와 함께 〈반하다〉에서 반하도록 좋은 밥상을 받아봐야겠다.

이동현은, '밥이 약이 되기도 하지만 밥이 독이 되기도 한다'라고 했다.

동의보감에서는 '병에 걸리면 먼저 음식으로 치료하고, 음식으로 치료가 되지 않으면 약으로 치료한다'고 했다.

우리 동네 돼지농장은 공장식 축산법이다. 3천 마리의 돼지가 케이지에 갇혀서 스트레스를 받으며 억지로 자라고 있다. 공장식 축산은 심각한 유해물질도 지니고 있다. 육류와 어류는 만드는 과정이 혁신적으로 바뀌지 않으면 우리 몸도 망가지게 된다.

건강한 재료로 만든 반찬과 밥을 먹어야 한다. 미실란과 인연을 맺은 사람들은 〈반하다〉에 가서 밥상에 반하고 풍경에 반하고, 사람에 반한다.

9시 5분, 인터라켄 동Ost 역에서 기차를 탔다. 진행 방향 오른쪽 자리에 앉아서 창밖을 구경했다. 산허리까지 뭉게뭉게 구름 목도리가 감겨있다. 싱싱한 푸른 숲에 우뚝우뚝 솟은 산이 하이얀 구름모자와 드레스를 입고 덩실덩실 춤을 추고 있다.

스위스는 건강하다. 스위스는 살아있다. 김탁환은 걸어 다니면서 보고 느낀 것을 바로바로 글로 쓴다고 했다. 나는 지금 스위스 인터라켄에서 기차를 타고 산골짜기를 돌고 돌아 그린델발트 피르스트로 가면서 여행기를 쓰고 있다. 김탁환은 지금 어디를 걷고 있을까? 곡성에서 이동현과 논둑길을 걷고 있을까? 서울에서 소음과 매연 속을 걷고 있을까? 건강한 농촌, 건강한 먹을거리를 걱정하는 그도 건강한 산천을 걷고 있다면 좋겠다.
산촌의 완행열차는 간이역마다 멈춰서 손님을 내려주고 태워주었다.
푸른 숲에 햇살이 더욱 밝게 쏟아졌다.

54

다음 간이역에서 6명의 가족이 올라탔다. 할아버지와
할머니, 아버지와 어머니, 그리고 귀여운 어린 남매가 우
리 옆에 앉았다. 내 옆에 앉은 여자 아이가 빵을 야금야
금 뜯어 먹었다. 다람쥐처럼 귀엽다. 애기 엄마한테 눈인
사로 허락을 받고 빵 먹는 천진난만한 모습을 찍었다.
엄지손가락을 추켜올리고 사진을 보여주었다. 째려보듯
새침하게 흘기는 눈매에서 배시시 미소가 흘러나왔다.

"아빠, 메모 그만하시고 창밖의 절경을 구경하세요."
"우와, 그래야지. 어머, 멋지다 멋져."
바짝 다가온 산과 구름, 그 아래로 펼쳐진 전원마을이 참 아름답다.

기차도 풍광에 취해서 구불구불 마을을 휘감고 썰매를 타듯 돌아가고 있다.

10시 5분,
그린델 발트GRINDEL WALD 역에 내렸다. 곤돌라GONDOLA를 타고 정상으로 25분간이나 올라
갔다. 눈 아래 펼쳐지는 절경에 가슴이 두근거렸다.
'아니, 왜 나는 봉곡리에서 살아야 하는가? 스위스 절경에 사는 사람들은 전생에 뭘 잘했단
말인가? 산허리에 쫙 깔린 목장, 그 목장에서 풀을 뜯는 양 떼와 소 떼, 염소 떼, 나는 저 가축
들보다도 못하단 말인가?'

중학교 때, 상주시에 사는 큰이모님이 상두골 우리 집을 찾아오시면 해마다 이렇게 투덜거리
시면서 들어오셨다. "아이고야, 좋은 집 좋은 풍광 다 놔두고 이 오두막까지 내가 왔다. 우째
야 좋노?" 그때는 그렇게 말씀하시는 큰이모가 몹시 얄미웠다. 그런데, 오늘 스위스에 와보니
그 말씀이 백번 옳았다.

바위와 숲을 헤치며 줄줄이 올라가는 곤돌라의 행렬도 장관이다. 별똥처럼 날아가는 집라인,

창공으로 비행하는 행글라이더, 비탈
길을 따라 달려 내려가는 스쿠터와
마운틴 카트, 정상으로 오를수록 휙
휙 휘몰아치며 춤추는 구름 떼, 2개
나 되는 정거장을 지나서 정상에 도착
했다.

피르스트FIRST.

숨가쁘게 올라오며 절경에 환호했는데 곤돌라에서 내리니 물기 먹은 구름 바람이 차고 시리
다. 경량 다운을 꺼내 입고 목도리를 두르고 마스크도 했다.

"여보, 저 절벽에 걸쳐 있는 잔도 좀 보세요."

보기만 해도 아찔아찔하다.

"중국 사람들이 와서 잔도를 놓았대요."

찬 구름 속을 헤쳐가며 절벽에 매달린 잔도를 아슬아슬하게 걸어갔다.

레스토랑 야외 벤치를 씌운 양털 커버가 축축하게 젖어있다. 전망대에서 사진을 몇 장 찍고 레
스토랑으로 들어갔다. 초코우유와 빵 한 조각씩을 먹었다. 소리가 피르스트의 맑은 날의 사진

을 보여주면서 무척 아쉬워했다.

"전생에 덕을 쌓아야 맑은 날씨의 절경을 볼 수 있대요."

"아냐, 괜찮아. 맑은 날보다 더 멋지다. 우리가 구름 속의 신선 같잖니?"

70년, 대학 신문사 기자들이 계룡산을 올라갔을 때도 함박눈이 시커멓게 쏟아졌다. 눈밭에 벌러덩 드러누워서 쏟아지는 함박눈을 받아먹으면서 신선이라고 생각했었다.

구름 뭉치가 오락가락하면서 산봉우리가 보일락말락 변덕 쇼를 했다. 따뜻한 차를 마시면서 구름이 걷히기를 바랐다. 융프라우 디자인 모자와 피르스트를 새긴 종 마그네틱을 샀다. 32유로, 하나은행 VIVA 카드로 결재했다. 신통하다. 백화점에서 결재가 안 되더니 구름 속에 파묻힌 피르스트 정상에서는 결재가 되었다.

구름이 걷히기를 바라면서 사진을 찍었다. 앞으로 찍고 뒤로 찍고, 앉아서 찍고 서서 찍으며 즐겁게 기다렸다. 90분이나 기다렸는데 여전히 구름 속에 파묻혀 있다. 그냥 내려가기로 했다.

"전생에 덕을 쌓지 않은 게 분명하다."

1시 10분, 그린델 발트 마을로 내려왔다. 쿤트 M 레스토랑에서 점심을 주문했다. 비프스테이크, 이탈리안 만두 라비올리, 토마토 모짜렐라, 샐러드.

음식을 기다리면서 찍은 사진을 검색하려고 폰을 켰다. 저장량 오버로 앨범이 열리지 않는다. 아침에 카카오톡과 문자, 동영상까지 모두 지워버렸는데. 이 무슨 고약한 훼방이란 말인가?"

2시 50분. 점심을 먹고 다시 기차를 탔다.

검은 구름이 몰려와 어둑어둑해졌다. 많은 관광객이 내리고 다시 탔다. 후니쿨라를 역방향으로 앉아서 뒤로 달리는 기분을 즐겼다. 창밖으로 보이는 산비탈, 옹기종기 모여 앉은 집들이 정겹다. 우리 마을도 저렇게 집을 앉히면 좋을 텐데…

부동산 중개업을 하는 우리 동네 거시기는 산 계곡에 2년간이나 콘크리트 폐기물과 흙덩이를 들이부어서 그 위에 집을 지었다. 그것도 35℃ 폭염과 장마 중에. 고약한 고놈이 여기 와서 보고 배워야 하는데. 나쁜 버르장머리를 뜯어고쳐야 하는데,

반대 방향으로 앉아서 뒤로 달리니까 지나간 길과 앞길이 보였다. 고개를 돌려 오당을 쳐다봤다. 남원산성과 광한루에서 노닐던 풋풋한 20대의 모습을 눈을 감고 더듬었다.

"가난하더라도 사람이 성실하면 된다."
친정아버지의 말씀에 걱정 않고 시집왔다는 오정숙. 시댁의 가난한 살림을 아끼고 아끼며 아들딸을 키우고, 집도 장만하고 차도 샀다. 고맙고 미안해서 감은 눈에서 눈물이 삐죽삐죽 나왔다.
45살에 중풍으로 누워서 무남독녀 외동딸 결혼식장에도 못 오신 장모님,
눈에 넣어도 안 아플 첫 외손자 얼굴도 못 보시고 돌아가신 장모님,
'장모님, 따님과 연애할 때 방송국 앞 골목에서 "우리 정숙이 잘 부탁해요." 하시던 말씀이 가슴을 쾅쾅 칩니다. 장모님 당부대로 이렇게 아끼며 잘살고 있습니다. 감사합니다.'
눈물을 훔치면서 차창 밖을 내다봤다.
우리 기차가 쾰쾰 쏟아지는 물결을 제치고 앞으로 앞으로 달리고 있다.

3시 20분, 인터라켄 동역에서 내렸다.

이제 아래 서쪽 툰 호수로 가서 유람선을 탄다. 동역 지하도를 통해서 호수 선착장으로 갔다.

"앗 이걸 어쩌죠? 유람선 운행시간이 끝났대요. 마지막 운행이 3시 8분이래요."

"할 수 없지. 그럼 버스를 타고 가서 호수길 산책이나 하자."

버스 승강장으로 가서 30분가량 버스를 기다렸다. 버스를 기다리는 중에 찰카닥찰카닥 마차가 들어왔다.

2001년, 공주방송국에 근무할 때 신관 둔치 공원에서 오당과 같이 승마를 배웠다.

11월에 대구방송총국으로 발령이 나면서 오당 혼자 승마를 계속하다가 낙마해서 머리를 다쳤다. 바로 병원에 가서 엑스레이도 찍고 검사를 하고 치료를 해줘야 했는데 미련하게 몇 달 동안 고생하도록 그냥 두었던 바보 같은 내 잘못이 또 다시 가슴을 찔렀다.

버스가 들어왔다. 버스를 타고 산비탈을 따라 몇 정거장 가니까 툰 호수가 나왔다. 우리 버스는 호수를 끼고 돌며 푸르디푸른 호수의 물결을 보여주었다.

'삐뽀 삐뽀 삐뽀 삐뽀…'

노래하듯 박자를 맞춘 클랙슨 소리가 울려 퍼졌다. 언덕에서 내려오던 버스가 멈추고 기다리고 있다. 호숫가 좁은 외길이어서 먼저 진입한 버스가 기다리라는 신호를 보내는 것이었다.

2013년에 프랑스 남부 프로방스 아름다운 시골길을 달렸다. 모두가 비좁은 외길이어서 교행하기가 어려웠다. 우리나라는 소문난 마을로 가는 길이라면 금방 4차선으로 뻥 뚫어버리는데 이게 뭐냐고 투덜거렸었다. 그런데 좁으면 좁은 대로 구불구불 알아서 가도록 하는 것이 자연을 사랑하는 이 사람들의 여유요 살아가는 멋인 것 같다.

70~80대 노인 20여 명이 버스에 올라왔다.

친구들이 단체로 여행을 온 것 같았다. 모두가 건강해 보이고 즐거워 보였다.

4시 30분, 이젤드 발트에 도착했다.

승강장에서 호수를 끼고 안쪽으로 들어갔다.

드라마 〈사랑의 불시착〉에서 현빈이 피아노 연주를 촬영한 명소가 나왔다.

인터라켄의 호수 툰이 〈사랑의 불시착〉으로 우리에게 유명해진 곳이다.

그래서 한국 관광객은 너나없이 선호하는 인증 샷 포토존이다.

먼저 도착한 한국 관광객이 포토존에서 폼을 잡으며 사진을 찍고 있었다.

우리는 다음 차례를 기다리면서 우산을 펼쳤다. 호수에 떨어지는 빗방울이 송알송알 노래를 불렀다. 현빈의 피아노 연주에 맞춰서, 우리도 여러 장의 인증 샷을 찍으며 즐거워했다.

비 내리는 호숫가를 느긋하게 산책했다. 한 시간 정도 산책하고 차를 한 잔 하고 6시 30분 버스를 타기로 했다. 버스가 한 시간마다 운행한다. 6시 30분 버스를 놓치면 7시 30분 버스를 타야 한다. 빗방울이 굵어졌다. 배낭에서 붉은색 K2 등산용 우의를 꺼내 입었다.

골목을 돌아서 호숫가로 갔다.

"엄마빠, 저 호텔 커피숍에서 차 한 잔 마시죠."

우의를 벗고 자리에 앉아 차를 주문하려는데 유람선이 달려오고 있었다.

"아빠, 저 유람선을 타야 해요. 제가 미리 티켓팅한 유람선이에요."

"그래? 그럼 뛰자."

종업원에게 I'm sorry도 못하고 밖으로 뛰었다. 앞서가던 오당이 주방으로 달려갔다.

"맘맘, Please come back."

잘 못 들어간 오당에게 주방의 요리사도 소리치고 강아지도 깡깡 짖어댔다.

커피숍을 나와서 골목길을 돌아 선착장으로 달렸다.

유람선이 선착장으로 들어왔다. 펄럭거리는 우의를 벗어들고 유람선 안으로 들어갔다.

"후유, 티켓팅한 배표를 그냥 버릴 뻔했어요. 내일은 여기를 떠나야 하거든요."

"그러게 말이야. 희한하게 맞아떨어졌네."

빗방울도 떨어지고 땀방울도 뚝뚝 떨어졌다. 유람선에서 다시 차를 주문했다. 민트, 장미 차, 와인을 한 잔 주문하고 우리는 마주 보며 미소를 날렸다. 호수에는 소나기가 좍좍 쏟아졌다.

"맘대로 퍼부어 보시죠. 우리는 따뜻한 차를 마실 테니까."

쏟아지는 빗줄기를 보면서 문득 봉곡리 집이 걱정되었다. 8월 14일에 집을 떠나올 때 장마 중이었는데 피해는 없는지? 부산 오기주 처남과 남원 오정미 처제, 보은의 강황구 동창이 장마 피해 없냐고 카톡으로 문자를 보내왔었다. 집안 단속을 부탁한 광우 형에게 전화해야겠다.

비 피해는 없는지, 닭들은 잘 있는지, 잔디는 잘 깎고 있
는지, 안방의 타임 전등은 잘 켜지고 있는지? 아니, 지금
한국은 새벽 한 시이다. 이따가 12시쯤에 전화를 하자.
걱정해서 걱정이 없어진다면 걱정이 없겠지. 그래도 걱정
을 자꾸 한다. 그래서 걱정이지.

6시 30분,
숙소에 도착했다. 우의를 벗어 걸고 따뜻한 물로 샤워를
했다.
햇반과 라면 추어탕 봉지를 들고 주방으로 갔다.
이미 저녁 식사를 준비하는 사람들로 꽉 찼다. 대부분
한국 사람이다.
삼겹살을 굽고, 해장국을 끓이고 밥을 짓고 상추를 씻고 한국 음식을 장만하고 있다.
우리도 햇반을 전자레인지에 데우고, 추어탕을 끓이고 라면도 끓였다.
마치 난민수용소처럼 소란스러웠다. 부산하게 저녁을 먹었다.

"엄마빠, 오늘은 이 마을의 야경을 보면서 산책하시죠."
인트라켄 시가지 중심으로 들어갔다.
쇼윈도에 환하게 조명을 밝힌 가게는 대부분 스위스 시계와 기념품 상점이다.
진열된 고가품 스위스 시계들이 반짝반짝 빛났다. 수천만 원짜리 고가품과 수십만 원짜리 저
가품이 같이 전시되어 있다.
시가지가 아름답다.
우리나라처럼 앞 다투어 내놓은 입간판이나 대형 간판, 돌출간판이 없어서 깔끔하다.

따닥따닥, 관광객을 실은 마차가 지나가고, 딸랑딸랑 차단기가 내려오고 기차가 지나갔다. 다
리 아래로 강물이 쿨렁쿨렁 소리치며 흘러갔다. 시리도록 짙푸른 강물이 어둠 속을 시커멓게
몰아쳐서 무섭다.
한 시간 정도 산책을 마치고 숙소로 돌아왔다.
9시 30분, 카톡을 확인하고 메모를 하고 일찍 잠자리에 들었다.

동굴 폭포와 하늘 아래 첫동네 뮈렌MÜRREN

6시 30분 기상.

아뿔싸, 또 비가 내리고 있다. 융프라우 일정을 포기하고 동굴 빙하폭포를 가기로 했다.

9시, 느지감치 아침 식사를 하고 짐을 챙겼다.

10시 30분, 숙소를 나섰다. 큼직해서 좋은 등산용 K2 우의를 배낭 위에 걸쳐 입고 씩씩하게 걸었다. 기차역까지 10분 이상을 걸어야 한다. 뛰듯이 바삐 걸어가던 소리가 외쳤다.

"아빠, 1분 후에 기차가 출발해요. 30분 후 다음 기차를 타시죠."

"아니야, 뛰어가자."

오당이 먼저 뛰어갔다. 왠일이래? 무릎도 안 좋은 사람이.

속으로 걱정을 하면서 나도 뛰었다. 붉은색 우의가 시위하듯 펄렁펄렁 춤을 추었다. 플랫폼에 들어섰는데 기차 문이 닫히고 있었다.

"휘리릭--!"

역장이 달려온 우리를 보고 호루라기를 불었다.

'스르륵' 닫히던 문이 다시 열렸다. 멈칫하던 우리는 얼씨구나 하고 재빨리 올라탔다.

문이 닫히고 기차가 출발했다.

"역장님, 고맙습니다. 여보, 무릎이 괜찮을까요?"

"글쎄요. 아직은 모르겠어요."

20분 후, 정거장에서 내렸다. 역 앞에 대기하고 있는 버스에 올랐다. 세 정거장을 가면 된다.
산꼭대기 바위틈을 헤집고 쏟아지는 폭포가 병풍처럼 수도 없이 펼쳐졌다.
산이 참 높다. 아니, 골짜기가 깊은 건가?

11시 30분, 트뤼멜 바흐TRÜMMEL BACH 동굴 빙하폭포에 도착했다.
융프라우와 주변의 빙하 벽이 녹아서 동굴 속을 헤집고 쏟아지는 폭포다.
우의를 입고 우산도 쓴 채로 줄을 섰다. 이미 30여 명이 줄을 서 있었다. 티켓을 사고 다시 산
중턱으로 걸어 올라갔다. 폭포 입구에서 엘리베이터를 탔다. 50미터를 수직으로 상승하는
40인용 대형 엘리베이터다. 엘리베이터에서 내려 다시 계단을 10미터 정도 올라갔다. 쏴아쏴
아- 동굴을 비집고 쏟아지는 거친 물보라가 얼굴을 때렸다.
굉음과 함께 쏟아지는 빙하폭포에 소름이 끼쳤다. 1폭포, 2폭포, 3폭포…
폭포마다 다른 모양으로 콸콸 쏟아졌다. 저 우람우람한 폭포 앞에서 한 발 실수라도 하면 큰
일이다. 자칫 잘못하면 휩쓸려 들어가 용궁까지 떠내려갈 것 같아서 무서웠다. 굉음과 함께 쏟
아져 내려오는 시커먼 동굴 곳곳을 전등으로 밝혀놓았다. 8.9.10. 마지막 폭포로 내려오자 쏟
아질 대로 쏟아진 폭포가 함께 모여 모든 것을 집어삼킬 듯이 포효하며 쏟아졌다.

동굴 안에 폭포 10개가 장관을 이루며 쏟아졌다.
쏴아 우르르 쾅쾅, 쏴아 우르르 쾅쾅!

인간도 참 용하다.
어떻게 이 무서운 동굴 폭포를 찾아냈으며, 또 그 폭포를 보여주려고 캄캄한 동굴에 들어가서
새로 통로를 뚫고 콘크리트를 부어서 계단을 만들고 조명등을 설치했을까? 캄캄한 동굴 속
에서, 무섭게 쏟아지는 폭포를 친구라고 생각했는가, 목숨을 걸고 투쟁을 한 건가? 무슨 힘으
로, 무슨 깡다구로 엄청난 자연의 위력에 맞서 새로운 통로를 만들었단 말인가?
10개의 폭포를 대충대충 구경하는데도 40분이나 걸렸다. 식은땀이 빙하폭포 물보라를 맞아
더욱 싸늘했다. 관광객은 줄지어 몰려와 들이닥쳐 떠밀려 올라가고 떠밀려 내려왔다.
트뤼멜 바흐 동굴 폭포를 나왔다. 시야가 확 트이고 가슴이 뻥 뚫렸다. 저 아래 마을풍경이 무
척 반갑다.

버스를 탔다. 이제 뮈렌^{MÜRRRN}으로 가야 한다. 두 정거장을 지나 버스에서 내렸다.
버스에서 내려 대형 곤돌라를 탔다. 외줄에 매달린 곤돌라가 하늘로 부-웅 솟아올랐다. 산꼭
대기 절벽 바위틈에서 쏟아지는 폭포가 사방에서 파노라마처럼 펼쳐졌다, 곤돌라는 위로 솟
아오르고, 절벽의 폭포는 아래로 쏟아지고, 우리는 그 사이를 올라가고 있다. 산중턱에서 내
려 다시 곤돌라를 갈아탔다.

하늘 아래 첫 동네 뮈렌 마을에 도착했다.

그런데 이것 봐라. 절벽 같은 산비탈이어서 간신히 자리 잡은 옹색한 오두막 마을일 거라 생각했는데, 2-3층짜리 거대한 목조건물 수십 채가 보란 듯이 버티고 있었다. 호텔과 레스토랑이 발코니에 색색의 화분까지 내놓고 여유가 넘쳤다.

빗길을 달리는 화물차가 보였다. 아니, 차가 다니지 않는 청정마을이라더니 이 무슨 자동차인가? 공사장 화물차는 자동차가 아니란 말인가? 공사장 화물차가 왔다갔다 하고 있다.

2시 레스토랑 슈테게르슈테블리^{STÄGERSTÄBLI}에서 점심을 주문했다.
"엄마빠, 저쪽이 융프라우예요. 비구름에 가려서 보이지는 않지만…"
보이지 않는 융프라우를 향해 턱을 고이고 바라보며 식사를 기다렸다.
치즈를 끓이면서 빵조각에 듬뿍 찍어 먹는 퐁듀라는 음식과 소고기, 돼지고기, 소시지, 감자, 양배추 볶음, 채소 샐러드를 배부르게 먹었다. 산촌에서 107.4유로를 지불한 비싼 점심이었다.

점심을 먹고 융프라우 정상을 바라보면서 조망을 즐기며 따끈한 차를 마시자고 했던 낭만의 꿈을 접고 비 내리는 뮈렌 마을을 산책했다. 날이 맑으면 융프라우가 온전히 한눈에 보이고, 하이킹하기도 좋은 마을이어서 일 년 사시사철 관광객이 많이 찾아온다는 뮈렌 마을.

우리는 마을을 한 바퀴 돌아본 다음 3시에 열차를 탔다. 우리가 탄 뮈렌 열차는 단 한 칸뿐이다. 정상의 산허리를 휘감아 서쪽으로 휙휙 돌았다. 장난감 차를 탄 것 같아서 재미가 더했다.
15분을 달리더니 그뤼츠알프GRÜTSCHALP에서 우리를 내려주고 다시 뒷걸음으로 뮈렌으로 돌아간다. 그러고 보니 뮈렌에서 그뤼츠알프를 왕복하는 동네 기차인 모양이다. 맞아, 마을버스 같은 마을 열차이다.

그뤼츠 알프에서 대형 곤돌라를 타고 수직하강으로 내려왔다.

바로 옆이 라우터브루넨LAUTERBRUNNEN 기차역이다.

높고 험한 산악지대를 찾는 관광객을 위해 편리한 교통수단을 시설한 정성과 수고가 놀랍다.

그런데 순록과 여우, 늑대와 토끼 같은 산짐승이 다니던 산악지대에 산을 깎고 바위를 깨고 숲을 파헤쳐서 엘리베이터를 설치하고, 기차를 다니게 했으니 이 또한 자연을 엄청나게 훼손한 것이 아닌가?

인간은 참으로 모순된 위선자요, 파괴자이다. 마음대로 파헤치고 망가뜨린 것을 조금도 미안해하지 않는 파렴치범이다. 그리고 청정마을 관광지라고 내세우는 것이다.

구경은 잘했지만, 기분은 씁쓸했다. 어디까지 지켜주고 어디까지 개발해야 하는가?

아름다움을 보여주자는 것이 진심인가?

아름다움을 내세워 돈을 벌자는 속셈이 진심인가?

라우터브루넨 기차역에서 기차를 타고 숙소가 있는 인터라켄으로 돌아왔다. 숙소에 돌아오

자마자 뜨끈한 온수로 몸을 녹이며 샤워를 했다. 침대에 벌렁 누워서 눈을 감았다.

7시, 햇반, 매생이 국, 명이지, 참치통조림, 샐러드, 사과, 바나나를 들고 주방으로 갔다.
매생이 국을 끓이고 햇반을 데워서 저녁을 맛있게 먹었다.

8시 30분, 잠자리에 들었다.
오늘은 빗길에 동굴 폭포로 고산마을로, 곤돌라를 타고 수직으로 오르내렸고 하늘을 날 듯 고산 허리를 돌면서 기차를 타고 다녔으니 많이 피곤하다.

중세 도시 루체른과 리기 산의 절경

6시에 기상, 오늘은 다시 짐을 챙겨서 루체른LUZERN으로 가야 한다. 우의와 우산을 잘 접어 큰 가방에 넣었다. 짐을 다시 꾸리는 것은 번거로운 일이다.

7시 30분, 아침 식사를 하는 중에 소리 신용카드에서 누가 80만 원을 빼갔다는 연락이 왔다. 소리가 얼른 지급중지를 신청하고 후속 조치를 하느라 분주했다.

'빌어먹는 도둑놈들, 그놈들의 사기 수법을 어떻게 막는담?'

내 폰에는 오전 4시 8분에 문자가 들어와 있었다.

'오라버니, 한국에 언제 오시나요? 강의 좀 부탁드리려구요.'

이름 없는 낯선 번호로 문자가 들어왔다. 누구지? 내가 유럽 여행하는 걸 아는 사람이 별로 없는데, 보이스 피싱? 한 번 잘못 누르면 120만 원이 빠져나간다는데, 우물쭈물 망설이다가 혹시나 싶어서 문자를 보냈다. '안녕하세요? 누구시죠?'

8시 20분에 체크아웃하고 숙소 앞에서 버스를 타고 인터라켄 동역으로 갔다.
8시 55분에 열차가 들어왔다. 진행 방향 오른쪽 자리에 앉아 풍광을 구경했다.

9시 4분, 루체른을 향해서 출발했다.
"와우, 푸른 산허리에 하얀 구름 치마 좀 봐요."
인터라켄 동쪽 호수 브리엔츠를 끼고 달리는 풍광이 동화 속 그림처럼 신비롭다.
'와우, 와우'를 외치면서 카메라 샷을 눌러댔다.
브리엔츠 호수 역에서 기차가 멈추었다.
"엄마빠, 천천히 감상하세요. 스위스 인터라켄 브리엔츠 호수의 절경입니다."
휙휙 지나가는 풍경을 주마간산으로 보다가 멈춰서서 보니까 횡재를 한 기분이다.
호수 주변에 있는 수십 대의 하이얀 색 캠핑카가 푸른 호수와 참 잘 어울린다.

기차는 관광객을 위해서 5분 정도 쉬었다가 다시 출발했다. 호수를 지나자 농촌의 전원풍경이 펼쳐졌다. 열차와 함께 나란히 달리는 빙하 강 옆으로 옥수수 밭이 주욱 펼쳐져 있다. 스위스 옥수수는 더 맛이 있을 텐데, 침이 나왔다. 여기저기 농가가 지나가고 시골길을 달리는 자동차도 보였다. 산을 휘감은 구름 치마는 두 겹 세 겹으로 둘러쳐 있다.

브뤼닉BRÜNIG 역에서 잠시 정차하더니 뒤로 달리기 시작한다.

뒤로 뒤로 산으로 올라간다. 구름 속으로 들어간다.

하슬리버그HASLIBERG 역부터는 앞으로 가다가 뒤로 가고, 올라가다가 내려간다. 험하고 비좁은 산악지대를 따라 철로를 깔고 운행하는 기술이 놀라웠다.

'그 참 호슙구만,'

산자락의 집들이 언덕에 골짜기에 평지에 생긴 지형대로 자리 잡았다. 우리나라처럼 깎고 메우고 높여서 건방지게 집을 앉히지 않아서 자연스럽다.

또 호수가 나타나고 마을이 나타났다. 햇살이 퍼지면서 마을도 호수도 환하게 밝아졌다. 자넨 역을 지나니 평지였다.

다시 책을 폈다.

229쪽: 미실란의 이동현 대표는 두 아들이 사춘기가 되면서 가족회의를 시작했다. 가족 간의 갈등을 풀고 서로 더 깊이 알아내기 위해서다.

주말에 하루를 정해서 가족회의를 했다. 3가지 원칙을 세웠다.

첫째, 회의 중에는 존댓말을 한다. 부모의 권위를 내세우지 않고 상호평등을 유지하기 위해서다.

둘째, 좌장은 돌아가며 맡는다. 회의가 한쪽으로 쏠림을 막기 위해서다.

셋째, 지나간 언행은 지적하지 않고 앞으로 할 것을 제안하는 방식으로 논의한다.
개선책이 마련되면 비판을 위한 비판에서 벗어날 수 있기 때문이다.

97년부터 3년간, 소리가 충남여고에 다니던 시절, 나는 매일 자가용으로 소리를 등하교 시켰다. 다행히 충남여고와 KBS 대전방송국이 가까이 있어서 동행하기가 편리했다. 소리와 이야기를 하다가 언짢아지면 내가 큰소리를 쳤다.
"아빠, 왜 맨날 큰소리치세요? 어른이라고 큰소리치고 윽박지르면 되는 건가요? 제 사정도 이해하셔야죠."
소리가 자주 지적했지만, 나는 언제나 아빠로서의 권위를 행사했다.
이제 와서 생각하니 참 미안하고 부끄럽다. 부모 될 자격도 없고 교양도 없이 윽박지르며 키운 것이었다. 그런데도 잘 자라서 외교관이 되었고, 파리에 근무하면서 우리를 초대해서 최고의 여행을 시켜주고 있다.

10시 55분, 루체른LUZERN 역에 도착했다.

타고 온 열차는 인터라켄과 루체른을 잇는 EXPRESS 열차이다.

우리는 내리고 열차는 다시 인터라켄으로 되돌아갔다.

루체른 역 앞에 대형 문이 홀로 버티고 있다.

루체른 역의 옛날 정문이란다. 화재로 건물은 사라지고 석조 문틀과 문 위의 조형물만 남아서 옛 역사를 깨우치고 있다.

〈WELLCOME LUZERN!〉

비가 그치고 햇살이 반짝 퍼졌다. 루체른 도시가 건강해 보인다. 역에서 버스를 탔다. 폰으로 구글맵 지도를 보면서 두 정거장을 지나 내렸다.

버스에서 내려 로이스 강변길을 따라 걸었다.

루체른LUZERN

아들 머리 위에 있는 사과를 정화하게 맞추는 명사수 윌리엄 텔,

스위스 건국의 아버지로 불리는 윌리엄 텔이 활약했던 무대이다.

루체른은 중세도시의 고풍스러움이 넘치는 조용하고 아름다운 호수의 도시이다.

벽화가 그려진 옛 주택가, 꽃으로 장식한 카펠 다리, 고딕 양식의 호프 교회와 오래된 무제크 성벽에 둘러싸인 구 시가지,

스위스를 대표하는 역사적인 유산이 많은 도시이다.

예로부터 교통의 요충지로 번창했으며 아담한 고도의 정취와 더불어 호수와 알프스의 경치도 유달리 아름다워 유럽의 왕족과 귀족의 사랑을 받은 도시,

문인과 작곡가 등의 예술가가 자주 찾는 동경의 땅으로 바그너가 말년 한 때를 지낸 곳이다.

구 시가지와 신 시가지를 연결하는 로이스 강이 루체른 중심을 흐르고 있다.

루체른은 강변으로 다리로, 손을 잡고 도보여행을 즐기기 좋은 곳이다.

푸른 강물이 도도하게 흘렀다.

강 건너 오른쪽에 우리 숙소 〈THE TOURIST HOTEL〉가 반갑게 맞이했다.

호텔 뒤편은 중세도시의 무제크 성벽이다. 루체른 시가지를 한눈에 볼 수 있다.

호텔에 짐을 맡기고 유람선을 타러 갔다. 강변로에는 벼룩시장이 손님을 기다리고 있다.

루체른역 앞 강변 선착장에서 유람선을 탔다.

리기RIGI 산을 가는 길이다.

리기산은 루체른에서 한눈에 바라보이는 데 한 시간 정도 유람선을 타고, 다시 산 위로 올라가는 기차를 타야 한다.

12시 20분, 뿌우웅- 요란한 굉음을 울리더니 출발했다.

강바람이 차다. 목도리를 하고 마스크를 했다.

"여보, 카페로 들어갑시다."

"오호, 훈훈해서 좋아요."

와인 한잔과 과일 차, 민트 차를 주문해서 마셨다.

갑판에는 웨딩드레스를 입은 신부와 신랑 친구들이 왁자지껄 웃음꽃을 피우고 있다. 선착장 두 개를 지나더니 '뿌우웅 뿌우웅' 신호를 보내고 운행 안내방송을 했다.
웨기스WEGGIS에서 내렸다. 신랑 신부 일행도 함께 우루루 내렸다.

우리는 미쉐린에서 추천한 생선 음식이 유명한 레스토랑 ZEE로 들어갔다. 호숫가로 전망이 좋았다. 오늘의 추천 생선과 생선구이, 양갈비를 주문했다. 빵조각을 뜯고 있는데 이웃 건물에서 딩당딩당 종소리가 한참 동안 울려 퍼졌다. 결혼식의 종소리란다. 아까 같이 동승했던 신랑 신부의 결혼식인 모양이다.

음식이 나왔다.
“우리는 패밀리이니까 가운데 놓아주세요. 나눠 먹을 거예요.”
“OK!”
웨이터가 눈웃음으로 싸인을 보내더니 접시 3개를 가져와서 하나씩 나눠주었다.
“Thankyou, thankyou.”

참새 두 마리가 우리 곁으로 폴짝폴짝 다가왔다.
오당이 빵부스러기를 던져주었다.
“주지 마세요.”
내가 양갈비를 손으로 집었다.
“손으로 하지 마세요.”
번번이 하지 마라는 제지를 당했다.
소리가 리기 산의 날씨를 찾아보는 사이에, 아내가 얼른 빵부스러기를 참새한테 던져주었다.
맛있게 콕콕 쪼아 먹는다. ㅋㅋㅋ

“여보, 당신은 이런 고급 음식이 좋지요?”
“어떻게 알아요?”
“당신은 기품 있는 사람이잖아요. 로또 당첨되면 자주 사드릴게요.”
“네, 고마워요. 그런데 여보, 여기서 똥을 누고 가야겠어요.”
“뭐요? 똥이라니?”
기품 있는 오당의 입에서 갑자기 똥이 나왔다. ㅋㅋㅋ

비가 내린다.
“어떻게 할까요? 15분 정도 걸어서 케이블카를 타고 갈까요? 다시 유람선을 타고 되돌아가다
가 리기 산으로 갈까요?”
“글쎄, 비가 계속 쏟아지니까 난감하네.”
“우의도 없는데 비는 계속 내리고…”
카운터에서 157유로를 계산하고 밖으로 나왔다.

15분 정도 걸어서 케이블카를 타기로 했다. 운동화가 비에 젖어 질컥거렸다. 동네 안으로 들어가 언덕으로 올라갔다. 매표소 건물에 도착하자 비가 멎었다.

3시 10분에 케이블카가 출발했다. 발아래 펼쳐지는 푸른 호수와 몽실몽실 피어오르는 하얀 뭉게구름이 가슴을 뻥 뚫리게 했다. 청량한 공기와 피어발트 슈테트 호수의 산뜻한 물결이 상쾌함을 주었다.

25분 정도 올라갔다. 리기 칼트바트^{RIGI KALTBAD} 역에서 산악열차로 옮겨탔다. 쭈왁, 햇볕이 쏟아졌다. 안개와 구름 덩어리는 사라지고 푸른 호수가 한눈에 들어왔다.

"우와아아아 저 아래 호수 좀 봐요."

"후후후- 천하 일경이로다!"

과연, 산들의 여왕인 리기 클룸^{RIGI KULM}이 누리는 장관이다.

서쪽 까마득히 루체른이 보인다.

정상 가까이 리기 역에서 열차를 내렸다. 바로 위 정상에는 높은 안테나가 하늘을 찌르고 있다. 비탈길을 10분간 걸어서 정상에 올랐다.

해발 1797.5m 리기 클룸.

"우와아 멋져요, 최고예요!"

"우리는 지금 하늘에 부-웅 떠 있어요."

"아니 저게 뭐야? 또 구름이 몰려와요."

금방 물기 먹은 구름안개가 쳐들어왔다. 시야가 캄캄했다. 사방천지가 회색으로 둘러싸여 아무것도 보이지 않았다.

"아빠, 지리산 노고단에서도 구름 속에 갇혔었잖아요?"

"맞아. 지리산 노고단도 고지대로 날씨 변덕이 심했지.

참, 그때 노고단 송신소 소장 안양근 아저씨 알지? 그 선배 부인께서 한 달 전에 돌아가셨어."

"네? 아직 젊으시잖아요?"

"젊으시지. 췌장암으로 2년 동안 고생하시다가 가셨어."

"아이고 불쌍해서 어떻게 해요?"

"글쎄 말이야. 돌아가신 분도 불쌍하지만 홀로 남게 된 안 선배님도 불쌍하시지. 부부가 함께 백년해로해야 하는데, 사별을 하다니,"

"먼저 가신 그 아주머니는 저렇게 아름다운 천국에서 사시면 좋겠어요."

"엄마빠, 5시에는 내려가는 열차를 타야 하니까 부지런히 구경하세요. 저 아래 반짝이는 호수와 마을 좀 보세요."
"히야, 절경이다 절경, 여기서 절경이나 감상하면서 그냥 눌러 살았으면 좋겠다."
리기 산이 몸과 마음을 깨끗하게 힐링시켜 주었다.

또 구름안개가 캄캄하게 몰려왔다. 얼굴이 차갑다.
마스크와 목도리, 경량 다운이 축축해졌다. 감기 걸릴까 봐 걱정되었다.

앗, 저기 화장실!
2층 건물에 한글로 〈임시화장실〉 팻말이 서 있다. 한국 사람이 많이 오는 모양이다.
"참 깨끗해요. 뜨거운 물도 나오는데요."
"리기 산이야 말로 〈산들의 여왕〉이 계시는 곳이라 각별하군요."

5시에 하산 산악열차를 탔다.

산꼭대기에 울타리 하나 없이 플랫폼만 달랑 있는 리기 역에서 출발하는 기차는 단 한 칸뿐이다. 오늘은 손님도 별로 없어 텅텅 빈 채로 달린다.

칼트바트^{KALTBAD} 역을 지나 20분 정도 내려가서 비츠나우^{VITZNAU} 역에서 내렸다.

바로 앞이 호수 선착장이다. 여기서 유람선을 타고 루체른으로 돌아간다.

따뜻한 햇살이 승객들 표정을 환하게 바꾸었다.

5시 45분에 유람선이 출발했다. 뱃머리 앞 난간 쪽에 자리를 잡았다. 따뜻한 햇살에 불어오는 호수 바람이 상쾌하다. 바로 곁에 둘러앉은, 60대 후반으로 보이는 남자들 7명이 술병을 들고 떠들어 댄다. 차림새가 시골에서 같이 온 친구들인 것 같다.

노래하다가 춤을 추다가 술병을 주고받으며 마시다가, 온통 취흥 속에 빠졌다. 누구든 취하면 저 모양이다. 술은 어찌하여 마시면 금방 취해서 주정을 부리고, 또 시간이 지나면 멀쩡하게 깨어나는가?

술이 마약인가? 묘약인가? 음식인가? 나는 35살에 술을 끊었으니 참 잘했다고 생각했다.

6시30분, 루체른 역 앞 선착장에 도착했다.

강변로를 따라 카펠교^{KAPELL}를 건넜다.

기분 좋게 카펠교를 건너자 강변 광장에서 7인조 남자 브라스밴드가 붕붕거리며 연주를 하고 있다. 둘러선 관광객들이 박수를 쳤다. 관객 속에서 박수를 치던 또래 여자들 7명이 스크럼을 짜고 춤을 추면서 연주단 앞으로 나갔다. 연주단과 관객이 다 같이 즐거운 퍼포먼스를 한다.

69년 고향마을에서 추석맞이 콩쿠르 대회를 한 기억이 떠올랐다. 마을 가운데 담배 건조실 앞마당에 소나무를 얼기설기 엮고 그 위에 멍석을 깔아서 무대를 만들었다. 우리 동네 사람들과 인근 동네 사람들이 모여서 노래자랑을 했다. 상품으로는 에비오제, 원기소, 우산, 양은솥, 탁상시계였다. 추석 명절을 맞아 객지에 나갔던 아들딸들이 오랜만에 모여서 잔치를 하는 것이다.

카펠교 KAPELL BRÜCKE

카펠교는 유럽에서 가장 오래된, 가장 긴 목조다리이다. 1333년에 만든 다리의 길이가 200m. 강을 건너는 다리 기능과 호수로 침범하는 적을 막기 위한 기능으로 일직선이 아닌 지그재그로 만든 다리이다. 지붕 용마루에는 17세기에 하인리히 베그만이 루체른 수호성인의 생애를 그린 110장의 판화가 부착되어있다. 고풍스러운 분위기가 물씬 풍기는 카펠교. 낮에는 아름다운 꽃들로, 밤에는 다정한 조명으로 낭만적인 경치를 선사한다.

곡성 미실란 마을에는 2006년부터 〈3무 공연〉을 한다.

〈1무 술이 없는 음악회〉는 술판을 벌이면 공연에 대한 집중도가 떨어지고 취기가 높아지면 뒤 끝이 안 좋기 때문이다.

〈2무 평가 없는 음악회〉는 공연 수준이나 공연자의 숙련도를 논하지 않는다.

〈3무 경계와 차별이 없는 음악회〉는 연령 고하, 지위고하를 따지지 않고, 기관장에 대한 의전과 발언권을 안 준다.

3무 공연을 기획하면서, 무엇을 하느냐도 중요하지만, 무엇을 하지 않느냐도 중요하다고 생각한 것이다. 잘못된 것은 하지 말아야 하기 때문이다.

그래 맞다. 나도 쌍수를 들어 환영한다. 동네 축제는 동네 사람이 모두 즐거워야 한다. 시군에서 하는 지방자치단체 축제도 그랬으면 좋겠다. 수백만 원, 아니 수천만 원을 출연료로 주고 유명가수를 초대해야 하는가? 그 돈으로 참석한 시민들에게 선물도 주고 맛있는 음식도 대접하면 좋지 않겠는가? 무대에 출연하는 가수와 춤꾼도 그 지방 시민들 중에서 초대하면 된다. 그러면 출연자와 관객이 모두 가족이요, 이웃사촌이요 친구이다.

"아니, 쟤가 약국집 큰아들이래?" "아니, 저 할머니는 봉구 할머니잖아. 참 잘하시네."

아들딸도 노래하고, 손주와 할아버지 할머니도 노래하고 춤추고 박수치며 유쾌하게 즐기면 더욱 신명나는 축제가 될 수 있는 것이다. 다 같이 즐기는 축제가 더 유쾌하고 재미있는 축제가 아닌가?

올가을에는 곡성 〈작은 들판 음악회〉에 가야겠다. 아내를 처음 만난 곡성 도림사도 가보고, '반하다'에서 좋은 밥도 먹고, 〈작은 들판 음악회〉에서 유쾌하게 박수를 쳐야겠다.

7시, 숙소인 〈THE TOURIST HOTEL〉로 갔다.

3층 7호실에 짐을 두고 밖으로 나왔다.

로이스 강변로를 걸어서 강가에 있는 BLER-FREND 식당으로 갔다. 햄버거와 핫도그, 샐러드와 감자튀김을 주문하고 맥주를 시켰다. 우리 테이블 앞으로 많은 사람들이 지나간다.

현지 주민들이 개를 데리고 산책하러 가는 사람도 많았다. 덩치가 큰 개들도 참으로 순해 보였다. 사람을 무서워하지도 않았고 으르렁거리지도 않았다. 주인이 멈추면 같이 멈추어 기다리고, 가면 또 조용히 따라갔다. 주변 사람들의 눈치도 보지 않고 자기 집 안방처럼 익숙한 모습이다. 온순하고 잘 길들인 반려견들이다.

10년 전에 떠난 우리 집 진돗개 〈아름〉이가 생각났다.

졸졸 따라다니며 갖은 아양을 떨던 귀염둥이. 뒷산 꼭대기까지 동행하고 길을 안내하던 아름이, 퇴근길 밤에는 동네 중간에 있는 마을회관까지 마중을 내려와서 꼬리를 흔들며 반가워한 아름이, 그 아름이가 12살이 되자 좀 노쇠해 보였다. 우리 집에 놀러 온 친구가 아름이를 보고 한마디 했다.

"아니, 다 늙었는데, 이것 치워버리고 풍산개를 한 번 키워봐. 내가 한 마리 얻어줄 테니까."

"글쎄, 걱정이야."

밖에서 저녁 식사를 하고 친구를 보내고 집으로 돌아왔다. 반갑게 꼬리를 흔들며 반가워하던 아름이가 보이지 않았다. 깜짝 놀라서 아름이 집을 들여다봤다. 아름이가 누워서 눈을 껌벅거리고 있다.

"아름아, 어디 아프니? 인사도 없이 누워 있어? 그래 잘 자고 내일 보자."
이튿날 아침, 출근길에도 아름이는 밖으로 나오지 않고 배웅도 하지 않았다. 퇴근 때도 나오지 않았다. 밥그릇을 보니 하나도 먹지 않고 그대로 남아 있었다.
"아름아, 밥도 안 먹고 왜 그래? 어디 아프니?"
배를 만져보고 얼굴을 쓰다듬었다. 아름이가 멀뚱멀뚱 쳐다보기만 했다. 내일은 병원에 데려가야겠다.

그날 밤에 함박눈이 펑펑 쏟아졌다. 새벽녘에 잠이 깨었다. 문득 아름이가 궁금했다. 밖으로 나와서 아름이한테 갔다. 기척이 없다. 안을 들여다봤다. 아름이가 네발을 쭉 뻗고 누워있다. 얼른 다리를 만졌다. 딱딱하고 싸늘하다. 아름이가 죽었다. 사흘 동안 아무것도 먹지 않고 굶어서 죽었다. 나는 눈 위에 털썩 주저앉았다.
"요런, 내 잘못이구나, 내 말을 듣고 죽어준 것이구나. 아름아, 잘못했어. 내가 잘못했어. 흑흑."
한참을 주저앉았다가 창고로 가서 지게에 짚단을 5단 실었다. 그리고 큰 자루와 삽과 곡괭이를 챙겼다. 아름이를 안아 자루에 넣어서 바지게에 담아 짊어졌다. 푹푹 빠지는 눈길을 헤치며 앞산으로 갔다. 아름이와 매일 산책을 하다가 쉬던 큰 소나무 아래로 갔다. 쌓인 눈을 걷어내고 언 땅을 팠다. 눈물을 삼키며 짚단을 깔고 아름이를 눕혔다. 뻣뻣하게 굳은 다리를 모아서 짚단으로 덮어주고 흙을 덮은 다음 꼭꼭 밟아주었다. 12월 24일 새벽이다. 아름이가 천국으로 갔다. 화장실에서 세수를 하고 방으로 들어왔다.
"여보, 자다가 어디 갔다 왔어요? 손발이 왜 이렇게 차요?"
"여보, 아름이가 죽었어요. 지금 앞산에 묻어주고 왔어요. 흑흑흑…"
오당을 부둥켜안고 펑펑 울었다.

아름이와의 이별이 가슴 아파서 다시는 개를 키우지 않겠다고 작정했다.
그러나 얼마 후 2012년 4월 1일, 후배 백오현이 하얀 진돗개를 데리고 왔다. 개를 안 키우려고 했지만 반가움에 덥석 받아서 이름을 〈새봄〉으로 지어주고 키우게 되었다. 우리 집은 새봄이의 재롱과 컹컹 짖는 우렁찬 목소리로 다시 생기가 돌았다. 아름이처럼 애교가 넘치고 귀여웠다. 2019년 가을, 계룡산 국제 춤 축제를 하는 중에 새봄이가 사경을 헤매었다. 오당의 급한 연락을 받고 인공수정사 강정봉 친구를 불러 치료해서 살려냈다. 그 후로도 두 번이나 사경을 헤매는 것을 정성껏 살려서 애틋하게 지냈다. 그런데 작년 가을에 배가 풍선처럼 부풀어 오르더니 천국으로 떠나고 말았다.

아름이와 새봄이 없는 우리 집에 멧돼지가 쳐들어 왔다. 텃밭과 마당까지 쳐들어와서 난리를 치고 있다.
족제비도 쳐들어왔다. 닭장에 햇병아리를 네 마리 키웠는데 45일째 되는 날, 참으로 귀여운 병아리 네 마리를 모두 잡아먹었다. 너구리도 쳐들어왔다. 큰 암탉 네 마리를 물어갔다. 멧돼지가 또 울타리를 뚫고 들어와서 옥수수밭과 고구마밭을 쑥대밭으로 만들어 버렸다.

아름이와 새봄이 같은 씩씩하고 영리한 개를 다시 키워야 할까보다. 그런데 오당이 적극적으로 반대한다.
"여보, 우리 절대로 개를 키우지 맙시다. 당신이 그토록 좋아하는 개를 목매어 묶어서 키운다는 것부터 너무 불쌍하잖아요. 그리고 어디 가서 하룻밤이라도 자고 오기도 어렵구요. 또 죽어 이별했을 때 가슴 아파하는 당신을 못 보겠어요. 벌써 몇 마리째예요?"

슈탄저호른의 할아버지 연주단

새벽 4시경에 화장실을 다녀왔다. 곤히 잠들어 있는 오당의 무릎을 안마해 주었다. 무릎 관절과 다리가 안 좋아서 잘 다닐 수 있을까 걱정했는데 잘도 다녔다. 양 무릎과 허벅지, 종아리, 발목, 발바닥과 발가락을 골고루 주물러 주었다. 안마를 받던 오당이 일어났다.

"당신도 누워보세요."

침술을 배운 오당이 본격적으로 맞춤 마사지를 해주었다.

"여보, 고마워요. 되로 주고 말로 받았어요. 우리 조금 더 잡시다."
오당을 꼬옥 안고 다시 잠이 들었다.

7시 30분, 아침 식사를 만족스럽게 먹었다. 계란찜, 빵, 콩, 햄, 베이컨, 잼, 치즈, 버터, 우유, 요구르트, 사과, 키위, 복숭아, 자두, 수박. 풍성하게 차려놓고 이것저것 골라서 배부르게 먹었다.

오늘은 슈탄저호른으로 간다.

쏴아, 호텔 앞 로이스강 강물이 춤을 추며 흘러갔다. 파도치듯 위풍 당당히 출렁거리는 물결이 무서워 보였다. 어디서 흘러온 강물이 이렇게 쉬지 않고 빠르게 흘러가는지 신기하기 짝이 없다. 호텔 앞에는 목조다리 슈퍼라이어교가 놓여있다. 이 다리도 카펠교처럼 다리 기능과 적의 침입을 막아내는 방어용 다리이다.

이 다리는 물을 가두어 놓는 기능과 쏟아내는 기능도 있어서 강물을 잘 활용하는 다리이다. 루체른 시가지 중심을 흐르는 로이스강에는 40~50m 간격으로 다리가 6개나 놓여있다. 다리는 양쪽 시민들의 교통수단으로 건너다니기도 하고, 다리에서 만나 정담을 나누는 소통의 다리이다. 루체른은 강과 다리를 통한 소통의 도시이다.

주일 아침, 교회 종소리가 울려 퍼진다. 땡땡땡땡이 아니라 쿵쾅쿵쾅이다. 온 마을이 들썩이도록 우렁찬 종소리이다. 여기저기 교회마다 종소리를 울리고 있다. 기독교인인 우리가 교회로 가지 않고 슈탄저호른으로 간다고 화를 내는 종소리이다.
'이종태, 오정숙, 어디를 가느냐? 예배를 드리지 않고 산으로 가느냐?'
주일 아침의 교회 종소리가 쿵쾅쿵쾅 가슴을 쳤다.

10시 30분, 기차역 부근 마을에서 슈탄저호른으로 가는 산악 케이블카를 탔다. 15분 정도 올라가더니 산 중턱에서 내려 대기하고 있는 2층 오픈 케이블카를 타랜다.
"엄마빠, 2층으로 올라가세요. 위는 지붕이 없는 오픈카예요."
2층으로 올라갔다. 쏴아 안개가 덮쳐오고, 찬바람이 몰아쳤다. 얼른 마스크를 하고 경량 다운을 꺼내 입었다. 앞에 서 있는 60대 여인은 어깨와 가슴이 보이는 반소매 티셔츠를 입고도 아주 씩씩해 보였다.

슈탄저호른 광장에 내렸다.

백발이 성성한 80대 할아버지 세 분이 3m 정도의 긴 악기 알프혼ALPHORN을 연주했다. 관광객의 방문을 환영하는 축하 연주이다. 전문 연주가가 아닌 동네 어른들이 손님을 맞이하며 자원봉사 연주를 한다는 것이다. 구름에 갇힌 슈탄저호른 광장에서 동네 어른들이 연주하는 알프혼 연주가 참 정겹고 고마웠다.

물기 먹은 구름 치마가 쳐들어 왔다가 잠시 비켜섰다가 오락가락했다. 소리는 안타깝다고 투덜댔지만 나는 오히려 더 재미를 느꼈다.

'구름 속의 슈탄저호른에서 신선이로소이다.'

오당은 야생화 꽃씨를 챙긴다고 여기저기 잘 영근 꽃씨를 찾아다녔다.

나는 파란 높은 하늘과 발아래 가물가물한 마을을 번갈아 바라보며 사진을 찍었다. 마을도

찍고 호수도 찍고, 구름도 찍었다. 생각만큼 잘 찍혔는지 찍고 보고, 보고 찍고, 나쁜 것은 지우고 다시 찍고 또 찍었다. 아름다운 풍경을 많이 간직하고 싶었다.

정상에서 내려오는 길, 광장 뒤편 옥상에 선베드 의자 다섯 개가 나란히 놓여있다.

"엄마빠, 쉬다가 점심 먹고 가요."

"좋아요. 좋아. 바로 누워서 푸른 하늘과 햇살과 구름을 보자."

의자 곁에 접혀 있는 파라솔을 활짝 펼쳐 강한 햇살을 가리고 자리에 누웠다.

참 좋다. 아니 이렇게 호사를 누려도 되나? 내가 뭘 잘했다고 스위스 슈탄저호른 정상에 누워 신선이 된단 말인가?

세계문화유산 공주 공산성 임류각 옆 평상에 누워 바라보던 하늘과는 또 다른 별천지다.

'붕붕붕!'

12시 정각에 할아버지 연주단이 또 알프혼 연주를 했다. 연주단 앞 테이블에는 손님들이 자리 잡고 점심을 먹으면서 연주를 듣고 있다.

점심 주문을 하려다가 케이블카 운행시간표를 봤다. 30분 간격이다. 그러면 지금 내려가는 것이 좋겠다 싶어 레스토랑을 나와서 바로 대기중인 2층 케이블카를 탔다.

마을에 도착하니까 1시 정각이다. 다시 교회 종소리가 쿵쾅쿵쾅 울렸다.

"여보, 예배당에 기도하러 갑시다."

문이 열린 예배당으로 들어갔다. 중간 자리에 앉아서 기도했다.

'하나님 아버지, 감사합니다. 하나님께서 창조하시고 참 좋았다고 하신 대자연, 그중에서도 이

처럼 아름다운 스위스에서 호사스럽게 누리게 하심을 감사합니다.
사랑하는 딸 소리를 외교관으로 세우시고, 파리 OECD 대한민국
대표부에서 근무하게 하시고, 또 저희를 이곳까지 초대해서 가족
여행을 하도록 허락하신 은혜 감사합니다.
하나님께서 창조하신 대자연 속에서 한없이 작아짐을 깨닫고 자연
앞에 머리 숙여 겸허하게 하심을 감사합니다.
상위 포식자 인간이 자연을 함부로 망가뜨리고 오만방자하게 지냄
을 용서하시고, 크게 반성하고 회개하여 자연과 함께 이웃과 함께
오순도순 정답게 살도록 인도하여 주시옵소서.
이 모든 말씀 예수님의 이름으로 아뢰며 감사기도 드립니다. 아멘.'

교회 옆에 있는 레스토랑에서 점심을 먹었다. 감자튀김과 소고기, 돼지고기, 생선구이를 먹고 137유로를 계산했다.

2시 34분, 열차를 타고 논스톱으로 루체른역에 도착했다. 햇살이 뜨겁다. 등산복 상의를 벗어 배낭 속에 집어넣었다. 루체른의 명소 〈빈사의 사자상〉을 보러 갔다. 큰 암벽에 마애불처럼 바위를 파내고 〈빈사의 사자상〉을 조각했다. 프랑스 대혁명 때, 루이 16세와 마리앙투아네트를 경호한 스위스 용병이 전원 전사한 넋을 추모하는 조각이다. 덴마크 조각가 베르텔 토르 발센이 설계하고 루카스 아호른이 조각했다.

수백 년에 걸친 가난의 배고픔에서 외국에 용병을 보내 벌어온 돈으로 연명해야 했던 스위스의 속 쓰린 과거를 추억하는 곳이다. 미국 시인 마크 트웨인이 '유럽에서 가장 슬픈 조각상'이라고 해서 루체른을 찾아오는 많은 관광객이 필수로 다녀가는 명소이다.

맹수 중의 맹수 사자가 창에 찔려 죽어가면서 고통의 눈물을 흘리는 모습은 스위스 젊은 용병들을 상징하는 것이어서 더욱 가슴 아픈 조각 사자상이다.

4시. 숙소에서 인사를 하고 가방을 끌고 나와 버스를 탔다. 루체른역 7번 플랫폼에서 4시 55분 열차를 탔다. 바젤BASEL 역으로 갔다. 여기서 파리 행 떼제베TGV를 타야 한다.

시간이 없어서 라인 강변의 문화와 예술을 품은 도시 바젤 시가지를 둘러보지도 못하고 바로 기차를 타게 되어 아쉽기 짝이 없다.

바젤 역 지하실에 있는 화장실로 갔다. 유료 화장실이다. 토큰도 없고 유로도 없다.

"이거 참 낭패로다. 여보, 참을 수 있겠어요? 떼제베를 타고 해결합시다. 괄약근을 힘껏 조여봅시다."

파리 행 떼제베를 타려고 5번 플랫폼으로 갔다. 소매치기로 보이는 세 놈들이 우리를 따라오면서 힐끔힐끔 눈치를 살폈다.

"여보, 조심하세요."

가방을 앞으로 돌려 손으로 가리고 바삐 걸었다. POLICE 제복을 입은 경찰관이 2인조로 짝을 지어 플랫폼을 순찰하고 있다. 예약석이 있는 5호 칸에 올라탔다. 차내에서도 공안 경찰이 순찰하고 있었다.

"아, 무슨 일이 있긴 있는 모양이군. 요놈들 쇠고랑 좀 차봐라."

자리를 잡고 수첩을 꺼내서 메모했다. 파리 리옹 역까지는 3시간 이상 걸린다. 한 시간이 지나서 저녁 요기를 했다. 루체른 역 구내매점에서 사온 파스타와 빵을 펼쳐놓고 먹었다.

식사를 하고 화장실에 가서 양치질을 했다.

떼제베는 시속 400km로 달렸다. 창밖의 풍경을 보다가 이야기를 하다가, 책을 보다가 허리를 폈다가, 피곤한 몸을 달래며 파리로 갔다.

9시 50분, 3시간 15분 만에 리옹역에 도착했다. 승객이 우루루 몰려나갔다.

우리는 선반에 올려둔 무거운 가방 3개를 힘겹게 내려서 맨 마지막에 하차했다.

앱으로 예약한 택시가 있는 곳을 찾느라 힘이 들었다. 구글맵의 지도가 꺼지고 택시가 있는 곳을 잘 몰랐다. 전화로 아래층으로 가는 길을 물었으나 도대체 알 수가 없었다. 역무원이 한 사람도 없어 물어볼 수도 없다.

"이런, 엘리베이터도 안 보이고 가파른 계단뿐이니 이 무거운 가방을 어떻게 들고 간담?"

엘리베이터와 에스컬레이터를 찾아 헤매다가 가파른 계단으로 내려갔다.

"아빠, 제가 먼저 내려갈게요."

무거운 가방을 들고 소리가 먼저 내려갔다. 나는 양손에 가방을 꽉 움켜잡고 낑낑대며 계단을 내려갔다.

"조심해요, 여보."

뒤따라오는 오당이 걱정을 했다. 이 길이 아닐지도 모르는 불안감으로 진땀이 솟았다.

'반짝, 반짝.'

건물 밖에서 기다리던 택시가 신호를 보내고 있다. 택시 기사가 손을 흔들었다. 다행이다. 무조건 내려온 계단이 정확했다. 택시 뒤 트렁크에 가방 3개를 싣고 배낭은 짊어진 채로 택시를 탔다. 숙소로 가는 길은 수월하게 잘도 갔다. 한 번의 멈춤 신호도 없이 20분 만에 떼호필로 고 띠에에 도착했다. 10시 30분. 젊은 택시 기사가 운전을 재치 있게 잘했다.

정문을 열고 안으로 들어갔다. 소리가 큰 가방을 싣고 먼저 올라갔다. 내려온 엘리베이터에 가방 두 개만 실어 올려 보내고 오당과 나는 걸어서 올라갔다.

"다리도 불편하신데 왜 걸어서 오세요? 80만 원을 더 주고 일부러 엘리베이터 있는 집을 구한 건데."

우리는 첫날 엘리베이터에 갇혔던 것을 생각해서 걸어 올라갔다.

"후유, 우리 집에 왔구나. 소리 수고했어. 고마워."

차례로 샤워를 하고 서둘러 잠자리에 들었다. 11시 59분.

구글맵으로 길 찾아 보세요

늦잠을 잤다. 7시 9분에 소리가 먼저 일어났다. 소리는 아침 식사도 거른 채 출근했다.

"아빠, 오전 근무하고 12시 30분까지 올게요. 점심은 같이해요."

오늘부터 을지훈련이 시작되었다. 윤석열 정부가 시작되고 해외 모든 기관도 을지훈련에 참가하라는 지시였다.

소리가 출근한 뒤, 창문을 활짝 열고 환기를 시켰다. 소리가 꺼내준 오리털 이불을 커버에 넣었다. 오당은 식사 준비를 하고 나는 수첩에 메모했다.

문자가 들어왔다. '선배님, 해외여행 중이시군요. 언제 오세요? 집 주소를 알려주세요. 맛있는 복숭아를 보내 드리려구요. 우송대학 임명옥 드림'

'넵, 랑스탈로 여행 중입니다. 9월 4일에 귀국합니다. 감사합니다.'

12시, 나는 구겨진 외출복을 다림질하고, 오당은 황태 미역국을 끓이며 점심준비를 했다. 1시 경에 귀가한 소리와 점심 식사를 같이했다. 출근하는 소리를 따라 거리 구경에 나섰다.

"엄마빠, 구글맵 보고 길 찾기 공부를 합시다."

폰을 켜고 시키는 대로 했다.

구글맵 지도 클릭, 목적지 삽입. Paccy Covered Market 경로 탐색,

WATTWILLER
La Parisienne
2022
0:43:43
VILLE DE
PARIS
RTL2
santé
la Parisienne
LES ANNÉES FOLLES

시작!

"파란 점을 따라가면 돼요. 진행 방향을 잘 보시고 주변 건물도 확인하시구요. 만약 지도가 꺼지면 다시 켜서 시작하시고, 이도 저도 안 되면 저한테 카톡으로 연락하세요. 그럼 이따 퇴근 후에 봬요. 조심하세요."

우리가 소리를 키울 때 가르치고 걱정하던 것을 이제 소리가 우리한테 가르치며 걱정을 하고 있다.

Paccy Covered Market에 도착했다. 쇼핑거리로 볼거리가 많았다. 식료품 전문매장에는 아래 위층으로 진열된 식료품이 많았다. 베네통, ZARA 등 옷가게, 장난감 가게, 금은방, 시계, 액세서리 가게. 기웃기웃 Eye 쇼핑을 하면서 쇼핑거리를 둘러봤다.

4시 30분, 숙소로 되돌아가려고 구글맵 지도를 켰다. 숙소를 삽입하고 경로를 클릭했다. 〈최적 경로 탐색 중〉이라고만 하고 더 이상 열리지 않았다. 우리가 걱정하고 있는데 소리한테서 카톡 전화가 왔다.

"지금 어디세요?"

"쇼핑거리 식료품 전문매장이야. 자르당JARDIN 공원으로 갈게. 그쪽에서 만나."

돼지갈비, 상추, 바나나, 사과, 납작 복숭아를 바구니에 담고 하나은행 VIVA카드로 결제했다. 23.18유로(3만 원)를 계산했다.

6시 10분, 공원 동상 앞에서 소리를 만났다. 유치원에 가서 소리를 데리고 오던 옛날 생각이 났다. 동상 앞에서 사진을 찍고 집으로 돌아왔다.

"엄마, 갈비찜 하시는 동안에 저는 마라톤 연습 좀 하고 올게요."

"그래, 에펠탑까지 갔다 오는 거니?"

"네, 센 강 바람을 쏘이며 한 시간 정도 달리다가 올게요."

"조심해서 잘 다녀와."

소리는 9월 파리 여성 마라톤대회에 참가하려고 준비하는 중이다.

8시, 마라톤 연습을 마치고 돌아온 소리와 돼지갈비를 뜯었다. 현미잡곡밥과 상추쌈으로 맛있게 먹었다. 오당의 요리 솜씨가 최고다.

"엄마빠, 센 강변 산책하고 오세요. 설거지는 제가 할게요."

"그럽시다. 여보, 따뜻하게 입고 에펠탑까지 다녀옵시다."

9시 10분에 집을 나섰다.

두 번이나 가본 길이어서 편한 맘으로 나섰다. 산책하는 파리지엥이 많았다. 나무 아래 벤치에서 사랑을 나누는 아베크족도 많았다. 지나가는 유람선 승객들에게 손을 흔들어 인사를 하면서 에펠탑 직전 비라켕 다리까지 갔다. 조명등이 반짝이는 에펠탑을 배경으로 사진을 찍었다.

돌아오는 길에 〈라디오 프랑스 방송국〉을 끼고 돌아 이탈리아 레스토랑 DAROCO에서 멈추었다. 제빵사 세 사람이 열심히 피자를 만들고 있었다. 창유리를 통해 눈인사를 하고 피자 빚는 과정을 구경했다.

저녁을 먹었으니 한 판 먹을 수도 없고 침만 꼴딱꼴딱 삼키면서 재미있게 구경했다.

제빵사가 반죽을 하고 피자 도우를 돌리면서 우리를 보며 즐거워했다.

엄지 척을 보이며 칭찬을 하고 내일 저녁에 오겠다고 했다.

'아빠, 왜 안 오세요? 길 잃어버린 건 아니죠?'

'DAROCO에서 피자 만드는 것 구경했어. 바로 갈게.'

소리가, 길 모르고 말 모르는 우리를 '물가에 애 내보낸 것'처럼 조마조마하며 걱정을 한다.

10시 35분, 집에 도착했다.

"엄마빠, 〈루브르박물관〉은 내일 휴관이에요. 회사 근처에서 저하고 점심 드시고 〈마르모탕 모네 미술관〉에 가세요."

소리가 파리 지도와 구글맵을 켜놓고 두세 번 도상훈련을 했다.

"내일 저녁에는 외교부 귀국 발령 직원들 송별 회식이 있어서 밤늦게 와요. 나들이하시고 두 분이 식사하세요."

"알았어, 천천히 다녀와. 우리는 DAROCO에서 피자 먹을게."

OECD 대한민국 대표부

"해피 소리, OECD 사무실 가는 길을 다시 한 번 설명해 줘."

"아빠, 그럼 저하고 같이 갔다 오시는 게 어때요?"

"OK, 같이 가보자."

나는 수첩과 펜을 들고 출근하는 소리 뒤를 따라가며 주변 건물을 표시하며 약도를 그렸다. 하늘라기RANELAGH 지하철 역 입구에서 소리와 헤어졌다.

"근무 잘하고 이따 보자."

"조심해서 가세요. 무슨 일 있으면 바로 전화하세요."

가던 길을 되돌아 걸었다. 아니, 이건 또 낯선 길이다. 돌아서니까 처음 가는 길이잖은가? 약도를 보면서 다시 돌아서서 확인하면서 중요 포인트 건물을 표시했다. 가다 돌아서다, 가다 돌아서다 약도를 그리면서 집으로 돌아왔다.

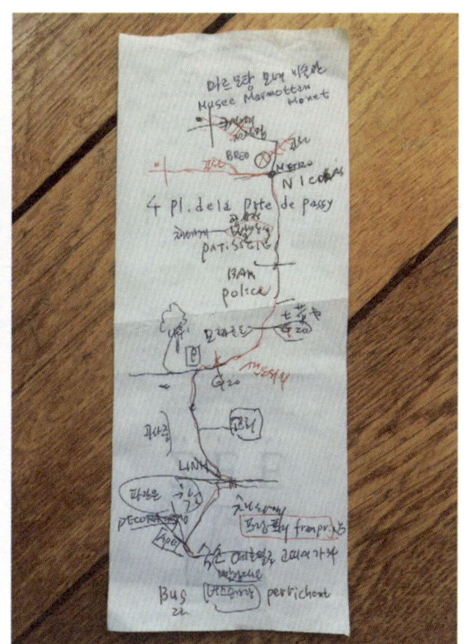

"여보, 다녀오길 잘했어요. 그냥 우리끼리 가다간 또 헤맬 뻔했어요. 내가 약도를 자세히 그렸어요."

"수고하셨어요. 소리는 출근 잘했지요?"

'참, 소리한테 잘 왔다고 문자해야지.'

폰을 켰다. 아뿔싸, 벌써 여러 차례 문자가 들어왔다.

'왜 소식이 없어요?' '아빠, 집에 안 가신 거예요?' '엄마도 전화를 안 받으시고…'

앗! 뜨거워라, 바로 문자를 넣었다.

'와우, 미안. 깜빡했어. 집에 잘 왔어.'

'아니, 걱정했잖아요.'

문자를 보내자마자 답이 왔다. 폰을 켜놓고 걱정하고 있었나보다.

"욕실에 있는 빨래건조대를 거실로 옮기다가 깜빡하고 말았어. 미안."

우리가 소리를 키울 때 노심초사했는데, 이제 소리가 우리를 걱정하게 되었다. 미안하고 고맙다. 앞으로 더 많은 걱정거리를 주지 말아야 할 텐데…

12시. 자르당 공원 주변에 있는 OECD 대한민국 대표부 건물 서쪽 정문으로 갔다. 부근에 있는 스포츠공원을 둘러보고 12시 20분에 소리를 만났다.

"오늘 오찬은 〈호수 속의 작은 섬〉에서 합니다."

숲속을 10분 정도 걸어서 보트를 타고 호수 속의 작은 섬으로 갔다.

섬 속의 오두막LE CHALET DES ILES

달팽이 요리와 생선요리, 연어요리, 문어요리를 주문했다. 야외 테이블에서 햇살과 바람을 쏘이며 천천히 식사했다. 125유로.

식사를 마치고 섬을 한 바퀴 돌았다. 아장아장 걸어가는 뚱뚱한 기러기 떼, 보트 놀이하는 가족들, 163 살이라는 두세 아름드리 플라타너스, 백송 군락지, 힘차게 포옹하는 연인 동상을 둘러보면서 여유롭게 산책하기가 좋았다.

소리가 마르모탕 모네MARMOTTAN MONET(1840-1926) 미술관에 안내하고 사무실로 돌아갔다. 우리는 천천히 전시실을 관람했다.

근대 작가전과 모네 컬렉션이 잘 전시되어 있다.

모네의 정원 풍경에서 한참 감상했다. 86세까지 사시면서 평생을 즐겨 그린 정원 풍경이다.

30대의 그림이 착하고 순해 보이고, 80대의 그림은 복잡하고 혼란스러워 보였다.

9년 전, 모네의 집에서 정원도 구경하고 그림도 보던 추억이 떠올랐다.

펜싱검의 손잡이가 다양했다. 유명인들의 펜싱검이 전시되어 있었다. 섬세하고 다양한 디자인에 매료되어 찰칵찰칵 찍었다.

1층 기념품 코너에서 이왕 감독에게 줄 마그네틱 2개를 샀다. 모네의 정원과 연못을 디자인했다. 초원아파트와 잘 어울리는 풍경이다. 2시간 동안 감상하고 밖으로 나왔다. 자르당 공원으로 들어갔다.

"여보, 쉬었다가 갑시다."
아이스크림이 먹고 싶은데 사방을 둘러봐도 가게가 보이지 않았다. 편의점에서 360리터짜리
물을 한 병 샀다. 뚜껑을 열고 벌컥벌컥 마셨다. 아이스크림이 먹고 싶은데.

아이스크림〈ICE CREAM〉의 어원이 〈I SCREAM〉이란다.
'I SCREAM'은 '나는 기뻐서 소리쳐요.'
오랫동안 문제가 안 풀려 고민하는 중에 드디어 정답이 나와서 기쁨의 환성을 지르는 것이란
다. 그래서 목마를 때 ICE CREAM을 먹으면 'I SCREAM'이 저절로 나오나 보다.

아침에 그린 약도를 보면서 숙소로 돌아왔다. 샤워를 하고 카톡을 확인했다.
'미술관은 잘 보셨어요? 장소를 옮기시거나 집에 가실 때 문자를 주세요.'
'방금 집에 도착했어. 마르모탕 모네 미술관 감상 좋았어.'
'잘하셨어요. 좀 쉬시다가 센강으로 가서 유람선을 타보세요. 저는 사무실 송별회 때문에 조
금 늦을 거여요.'
'알았어. 송별회 잘하고 천천히 와.'

'네, 밤늦게 들어가니까 현관문 걸쇠를 걸지 마시고 편히 주무세요.'
미주알고주알 우리를 챙기느라 바쁘다.
저녁 식사는 멸치 육수에 소면 국수와 옥수수, 가지나물, 샐러드로 했다.
"여보, 당신이 만들어주는 음식이 제일 맛있어요."
"고마워요."
"사실 식당 음식은 사료 같은 느낌이고, 당신이 차린 음식은 보약 같아서 좋아요."
식도락가들이 유명한 음식을 소개한 뒤 이렇게 말하는 것을 몇 번 들었다.
"사실, 제가 제일 좋아하는 음식은 어머니께서 해주시는 집밥입니다."

8시에 센강을 산책했다.
오늘은 라디오 프랑스 방송국 앞 그르넬 다리에서 아래쪽에 있는 미라보 다리를 돌아오기로
했다. 〈미라보〉는 대학교 시절 친구 나상국이 대전 은행동 동양백화점 앞 미라보 다방에서 디
제이를 할 때부터 각인된 그리운 이름이었다.

대전 미라보 다방에서 차를 마신 후 50년이 넘어서 미라보 다리를 걷고 있다.

미라보 다리는 오랜 역사에 어울리게 교각이 동판이고, 다리 기둥은 혈기왕성한 청년들이 횃
불을 치켜들고 있는 동상으로 고풍스러웠다.

야간 불빛이 희미한 미라보 다리에서 나상국이 잘 부르는 노래 〈보리밭〉이 들리는 듯했다.

산책을 마치고 현관문의 걸쇠를 걸지 않고 문을 잠갔다.

소리를 기다리다가 자정이 넘었다.

걱정이 되었다.

'해피 소리, 아직 송별회 중이니?'

답이 없다. 재미있게 노느라 폰을 못 보겠지만 혹시나 하고 걱정이 되었다.

이제 내가 걱정이다. 걱정하다가 잠이 들었다.

'딸가닥,'

현관문을 여는 소리가 들렸다. 딸이 돌아왔다. 새벽 3시.

김태희 씨와 만찬

아침 8시 40분, 소리가 아침을 먹지 않고 출근을 서둘렀다. 얼굴도 부스스하고 눈도 부은 것 같다. 옥수수 한 개와 샐러드를 챙겨주었다.

"엄마, 이따 점심 먹으러 올게요."

"그래, 청국장 맛있게 끓여놓을게. 잘 다녀와."

소리가 출근하고 우리는 대청소를 했다. 문을 활짝 열고 쓸고 닦고, 땀을 흘리며 깨끗이 치웠다. 오당은 청소를 마치고 좌욕을 했다. 음식 때문에 대변이 말썽이었다. 나는 여행 가방을 열어젖히고 등산복과 경량다운, 우산을 꺼내서 거실 창 아래 빨래건조대에 내걸었다.

모레 새벽에는 이탈리아로 가야 한다. 이탈리아는 항공운송이 까다롭다고 했다. 캐리어 두 개의 물건을 큰 캐리어 하나에 모았다. 25kg이 넘지 않았다.

이어령의 『젊음의 탄생』을 읽었다. 대한민국의 시대를 바꾼 키워드로 명저, 명강의로 우리를 깨우치고 인도하신 석학 이어령 선생님이 올해 2월 26일, 88세에 세상을 떠나셨다. 너무도 아쉽고 속상하다. 항상 우리 곁에서 깨우쳐 주시고 용기와 희망을 불어넣어 주실 줄 알았는데 90도 되기 전에 벌써 떠나시고 말았다.

김형석 교수님은 103세로 아직 강건하시다.

우리의 석학 이어령은 지우개 달린 연필처럼 유연한 사고로 사는 방법을 제시했다.

한 번 쓰면 절대로 지워지지 않는 잉크 펜이나 볼펜 같은 경직된 사고형에는 결코 창조적인 생각이 태어나지 않는다.

고정관념을, 편견을, 그리고 일상성에 토대를 둔 도구적 사고를 지울 수 있는 하나의 지우개, 연필과 함께 붙어있는 지우개, 이것이 앞으로 다가오는 젊은이들이 필요로 하게 될 사고의 틀일 것이다.

쓰고 지우고, 지우고 또 쓰라. 이 시대의 젊은이들은 지우개가 달린 연필로 사고해야 한다.

1960년대-흙 속에 저 바람 속에	1970년대-신바람 문화
1980년대-벽을 넘어서	1990년대-산업화는 늦었지만, 정보화는 앞서가자
2000년-디지로그 선언.	

오후 3시에 장보러 갔다. 첫날, 소리와 갔던 PASSY 마트를 찾아갔다. 자르당 공원 가는 길에 하늘라거RANELAGH 지하철역에서 직진해서 한참 동안 올라갔다. 한 번 왔던 길인데도 퍽 낯설었다. 불안해하면서 계속 직진했더니 PASSY 마트가 나타났다. 혼자라면 포기했을 텐데 아내와 둘이서 손을 잡고 더듬더듬 찾아낸 것이다. 쇼핑거리에서 ZARA, BENETTON, COS 옷가게를 구경했다.

맘에 드는 디자인이 없다.

"저녁거리 채소나 사러 갑시다."

식료품 백화점으로 들어갔다. 다녀간 가게여서 익숙했다. 파프리카, 상추, 오이, 양파, 마늘, 사과, 복숭아, 빵을 바구니에 담았다. 첫날 아래 위층으로 찾아 헤매었던 카운터로 바로 가서 계산했다. 26.49유로. 첫날 헤맨 것을 생각하니 웃음이 나왔다. 가지고 간 장바구니에 담아 어깨에 메고 나왔다. 거리가 한결 익숙해 보였다. 햇살이 뜨거웠다.

7시 15분, 숙소 앞에서 김태희 씨를 기다렸다.

김태희 씨는 15일 오후에도 드골 공항에서 우리를 픽업하고 숙소까지 태워 주었다. 소리가 아플 때도, 숙소 천장이 무너져서 놀랐을 때도 친동생처럼 돌봐주고 격려해 준 고마운 김태희 씨, 소리보다 3살 위인 선배이다. 오늘 감사의 저녁을 대접하는 것이다.

"아빠, 오늘 최고로 좋은 식당에서 최고로 좋은 메뉴를 예약했어요. 아빠가 계산해주세요."

"OK"

"어서 오세요. 반가워요."

김태희 씨 차에 올라탔다.

'잠시 후에 우회전입니다.'

앗, 네비게이션에서 한국말로 안내방송을 한다. 에펠탑을 지나서 고 저택인 〈바카라〉로 갔다. 실내장식을 크리스탈CRISTAL로 꾸민 고품격의 저택이다. 2층 CRISTAL ROOM에 자리를 정하고 식사를 주문했다. 생선 요리와 닭 요리, 리조또를 주문했다.

"태희 씨, 고마워요. 소리를 친동생처럼 돌봐주셔서요."

"아니에요. 제가 소리의 도움을 받고 있어요."

"치얼스!"

크리스탈 컵의 청량한 소리가 기분을 좋게 했다.

"아빠, 조심하세요. 이 크리스탈 컵을 깨뜨리면 100유로를 물어야 한대요."

모든 식기가 크리스탈 그릇이다. 갑자기 조심스러워지고 불편해졌다.

디저트로 레몬 수플레와 복숭아 계란 푸딩을 먹었다. 201유로-28만원.

다시 숙소까지 태희 씨 차로 돌아왔다.

"태희 씨, 고마워요. 또 봐요."

돌아가는 태희 씨에게 손을 흔들어 배웅했다.

소리가 먼저 샤워하고 잠자리에 들었다.

송별회를 하고 새벽 3시에 들어와서 아침 8시에 출근했으니 많이 피곤하지.

모나리자와 가나의 혼인잔치

7시, EBS 교육 방송이 아침잠을 깨웠다. 이보영의 Start English를 듣고, 김태연의 Easy English를 들었다.

"Would you mind give me your hand?"

"No problem."

- 좀 도와주시겠어요?

- 네 좋아요.

방송으로 영어 회화를 맨날 들어도 실전에서 사용하지 못하고 있다. 말이란 두 사람이 주거니 받거니 하는 것이지 혼자 하는 것이 아니기 때문이다. 하나의 말을 완전히 익히려면 500번 이상을 듣고 말해야 한다는데, 잠깐잠깐 들어서는 안 되는 것일 수밖에.

회화는 독학으로는 참 어려운 것이다.

"아빠, 〈루브르 박물관〉 티켓 다운 받으세요."
Wifi가 터지는 거실에서 티켓을 다운 받았다.
"점심 일찍 드시고 12시 40분에 자스망
JASMIN 역에서 만나요. 제가 〈루브르 박물관〉
까지 모셔다 드릴게요."
"메르시 보꾸."

"여보, 아침을 맛있게 먹었어요."
"그래요? 고마워요."
오당이 만족스러운 표정이다.
채소와 과일로 샐러드를 만들고 밥과 빵을 먹
도록 상추쌈도 한 바가지 씻어서 아작아작 맛
있게 씹어 먹었다.
소리는 샐러드와 빵을 챙겨서 출근했다.
"비타민도 한 알 먹어야겠어요. 좀 피곤해요."
"참, 엄마. 바느질 좀 해주세요."
소리가 치마와 원피스, 바지 하나를 들고 나
왔다.
"아니, 이 원피스는 20년도 넘은 것 아니야?"
"네, 대학 2학년 때 대전 동양백화점에서 아
빠가 사주신 거예요."
오래된 원피스의 끝단 실밥이 틀어진 것과 단
추가 떨어져 나간 것도 있다. 창문을 열어놓고
햇살을 받으며 바느질하는 오당의 모습이 참
아름다웠다.

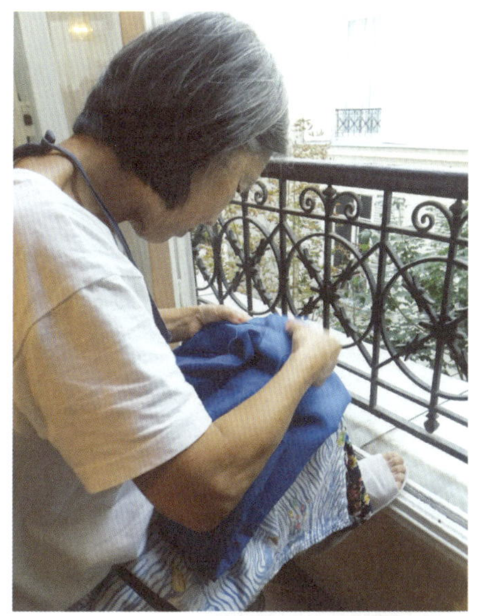

'아빠, 자동차 이용 카드 Navigo Easy를 챙겨서 나오세요.'

9시 40분, 소리의 카톡 문자를 확인하고 EBS교육 방송을 켰다.

"앗, 중국어 중급 방송이다. 홍상욱 선생과 왕러 선생의 목소리가 반갑다.

이 회화는 한국에서 10시 40분에 들었는데 파리에서는 9시 40분에 들었다.

"今天 天氣 很好^{진티엔 티엔치 흔하오}"

10시에는 중급 일본어가 방송되었다. 원미령 선생과 세라쿠 토오루의 목소리가 힘차다. 한국 EBS 교육 방송을 인터넷으로 파리에서 들으니 무척 고맙고 반가웠다.

11시 50분, 점심 식사를 빵과 샐러드로 간단히 하고 집을 나섰다. 12시 30분, 자스망 역에서 소리를 만났다. 9호선을 타고 프랭클린 루즈벨트 역에서 1호선으로 환승했다. 5번째 역 루브

루브르박물관 LOUVRE

파리의 보물이다. 영국의 대영박물관, 이집트 박물관과 함께 세계 최대규모의 전시물을 자랑한다. 왕실에서 모아온 예술 작품과 정복 전쟁에서 가져온 유럽 각국의 전리품이 30만여 점이다. 한 작품을 10초씩만 감상하더라도 모든 전시물을 감상하려면 꼬박 35일이 걸린단다.

'ㄷ'자형 박물관의 안마당을 파서 지하 공간을 만들고 출입구를 만들면서 출입구 위에 23m의 유리 피라미드를 세웠다. 프랑스 혁명 200주년을 기념하기 위해 1989년에 세운 유리 피라미드는 처음에 시민들의 강한 반대가 있었는데 지금은 루브르의 명물이요, 파리의 명물이 되었다.

명성만큼이나 훌륭한 전시물을 갖춘 루브르 박물관. 특히 많은 관광객의 관심을 끄는 곳은 나폴레옹의 아파트이다. 온통 금빛으로 빛나는 실내 디자인과 화려한 샹들리에가 눈길을 사로잡는다. 보석의 향연이라는 루이 15세의 왕관과 나폴레옹의 황비인 오스트리아 공주 마리 루이스의 작고 아름다운 왕관도 멋진 볼거리이다. 그리고 밀로의 비너스, 레오나르도 다빈치의 모나리자, 승리의 여신 니케, 사모트라케의 승리 등 세계적 명성을 간직하는 예술품이 전시되고 있다.

프랑스 왕궁과 예술의 전당이라는 두 가지 의미를 가지는 루브르 박물관은 8세기 이상의 유구한 역사를 가지고 있다. 박물관 프로젝트는 루이 16세에 이르러서 빛을 보게 된다. 프랑스 대혁명이 한창이던 1793년 8월 10일에 루브르 박물관이 개장한다. 박물관에는 국가재산으로 귀속된 왕정의 진귀한 보물과, 귀족들과 성직자들이 소장하고 있던 공예품들을 전시하게 된다.

나폴레옹 시대에는 독일과 벨기에, 이탈리아 전쟁에서 노획한 유물들이 들어오고, 고고학 활동을 통해 인수하고 복원한 작품들이 들어와, 지구촌의 다양한 유물과 작품들을 소장하게 된 것이다.

르 역에서 내렸다. 루브르박물관으로 들어갔다. 소리가 티켓을 보여주고 우리를 입장시켰다.

"이따가 박물관 나오실 때 연락하세요."

소리는 OECD 사무실로 돌아가고 우리는 박물관 전시실로 들어갔다. 관람객이 참 많았다. 떠밀리면서 안으로 들어갔다. 바로 이집트 유물 전시관이다. 기원전 5천 년 유물의 섬세함과 방대함에 압도되었다. 한 시간 이상을 둘러봤는데도 못 본 것이 더 많았다. 스핑크스는 물론이고 저 많은 대형 유물을 어떻게 운반해서 가져왔을까? 전쟁에서 승리하고 전리품으로 가져온 것이니 얼마나 많은 목숨이 희생당했을까?

전시실 곳곳에 〈모나리자〉 안내 팻말이 설치되어 있다. 이집트관을 감상하다가 모나리자 전시실을 찾아갔다. 관람객이 구름처럼 몰려들었다. 45분이나 줄을 지어 가서 〈모나리자〉 앞에 서게 되었다.

레오나르도 다빈치가 50대 초반에 그린 〈모나리자〉. 피렌체 출신의 아름다운 여인을 모델로 그린 〈모나리자〉는 근엄하면서도 부드러운 인상에 신비스러운 미소가 일품이다. 액자의 크기래야 가로 55cm, 세로 77cm밖에 안 되는 소품이다.

맞은편 벽에 있는 〈가나의 결혼식〉은 가로 660cm, 세로 990cm로 벽면 전체를 차지하는 대

형그림이다. 그런데 그 많은 관람객은 작은 〈모나리자〉 앞에서 탄성을 지르면서 벽면 전체를 차지하는 대형 〈가나의 결혼식〉은 흘끔흘끔 쳐다보고 마는 정도이다. 어째서 예수님의 기적인 〈가나의 결혼식〉이 피렌체 시골 여인인 〈모나리자〉에게 밀리고 있는가?

아무리 생각해도 이해가 되지 않았다. 〈가나의 결혼식〉은 예수님이 가나의 결혼식장에서 물로 포도주를 만들어 준 최초 기적의 현장이다. 파울로 카리에리가 30대 중반에 심혈을 기울여 그린 대작이다.

지하 2층에 지상 3층, 5층 7개 전시관에 전시된 작품이 30만 점이다. 고대 근동, 고대 이집트, 고대 그리스, 에트루리아, 로마, 회화, 조각, 공예품, 그래픽 미술, 아프리카, 아메리카, 오세아니아, 이슬람 등의 유명한 걸작품과, 인류 역사와 미술 역사의 발전을 결정적으로 보여주는 작품을 감상하려고 찾아오는 관람객이 하루 2만 6천 명, 연간 8백만 명이란다.

유리 피라미드

1981년, 루브르 박물관은 나폴레옹 홀 밑에 위치한 유리 피라미드를 통해 빛이 들어오는 중앙홀을 중심으로 박물관 전체를 새로 개편했다. 1989년에 미국인 건축가 아이오밍 페이가 개편공사를 담당하면서 이 유리 피라미드는 루브르 박물관의 새로운 상징물이 되었다.

튈르리 정원

면적 28 헥타르인 튈르리 정원은 1664년 앙드레 노트르가 루이 14세의 명을 받고 설계했다. 콩코드 광장을 거쳐 샹젤리제 대로를 향한 거대한 직선 축의 튈르리 정원은 파리에서 가장 아름다운 산책로이다. 이 정원에는 루브르 박물관의 조각 컬렉션을 전시하고 있다.

대 스핑크스

적화강암. 높이 1.83m 너비 4.8m

나일강 삼각주 북동쪽 타니스에 자리한 아몬 레 신전의 문전을 지키는 역할을 했던 스핑크스. 이집트 국외에서 가장 큰 규모에 가장 오래된 스핑크스이다. 파라오의 두상을 한 사자는 왕의 생생한 이미지를 묘사하면서 태양신과 성스러운 관계를 상징하고 있다.

밀로의 비너스

대리석 높이 2.02m BC 4세기, 조각가 프락 시텔레스가 제작한 이 비너스는 아프로디테 여신에서 영감을 받아 만들었다. 몸통은 나선형의 움직임을 반영하고, 허리에 미끄러지듯이 흘러내리는 의복은 헬레니즘 미술이 갖는 특유의 관능적인 느낌을 분명하게 보여주고 있다. 로마인들에게 있어 〈사랑의 여신〉의 표상이었다

모나리자

이탈리아 1503-1506 목판에 유채. 높이 77cm 너비 55cm.
세계에서 가장 유명한 이 작품은 일명 〈라 조콩드〉라고 한다. 다빈치가 창안한 스푸마트 기법으로 아르노 계곡의 배경 가운데, 피렌체 출신의 아름다운 여인이 신비스러운 미소를 짓고 있다. 프랑수아 1세가 가장 소중하게 아꼈던 소장품이다.

가나의 결혼식

이탈리아 1562-1563, 캔버스에 유채 높이 6.66m 너비 9.9m
파울로 카리에리가 30대 중반에 심혈을 기울여 그린 대작이다. 예수 그리스도가 물을 포도주로 만드는 첫 기적을 이룬 갈릴레이 지방의 가나에서 열린 성대한 결혼식 장면. 베네치아에 있는 팔라디오가 세운 건축 걸작인 조르조 마지오레 수도원의 소장품을 1789년 나폴레옹이 가지고 온 것이다.

나폴레옹 황제의 대관식

프랑스 1806-1808, 캔버스에 유채. 높이 6.21m 너비 9.79m
1804년 12월 2일, 파리의 노틀담 대성당에서 거행된 나폴레옹 황제의 대관식. 200여 명의 인물들이 참석한 가운데 나폴레옹이 조세핀에게 황후 왕관을 씌워주고 있다. 나폴레옹의 공식화가 다비드의 대작이다.

십자가의 예수를 경배하는 두 명의 헌납자

스페인 1585-1590, 캔버스에 유채 높이 2.6m 너비 1.71m
크레타 섬 출신의 화가 그레코의 독특한 표현주의 작품이다. 배경 대신 고통에 가득 찬 예수의 얼굴로 모든 시선이 집중되도록 묘사하였다. 어둠과 빛, 신성함과 세속성이 충돌하는 음산하게 표현한 하늘이 예수의 고통과 잘 어울린다.

세계에서 가장 권위 있는 대규모의 루브르 박물관은 참으로 방대하다. 화려한 루브르 궁전을 박물관으로 만들어 진귀한 유물을 전시해서 지구촌 사람을 다 불러 모으고 있다. 5개 층의 전시실을 주마간산 격으로 대충 둘러보는데도 4시간이 걸렸다.

5시부터 출구를 찾아 헤매었다. 출구는 지상층으로 연결된다고 생각하고 안내하는 곳으로 가보면 2층으로 올라가거나 지하로 연결되어 있다. 가다가 뒤로 돌아오고 다시 물어서 가다가 되돌아오다 50분이나 헤매었다. 2층으로 가서 지하실로 간 다음 지상으로 나가게 되어 있는 것을 몰랐던 것이다.

기념품 서점에서 모나리자가 표지인 『LOUVRE 300점의 걸작품』 한글판을 12유로에 샀다.

"와우, 유리관 피라미드 출구다."

드디어 출구를 찾았다. 그런데 루브르 역에서 지하철을 타려면 아까 들어 온 통로를 찾아야 한다. 안내원에게 다시 길을 물어 지하 통로로 되돌아서 루브르 지하철역 입구로 갔다. 박물관 지하에서 지하철역 승강장으로 연결되는 직통 통로를 찾았다. 입구에서 자동카드를 대고 통과했다. 1호선과 9호선의 역명과 환승역인 루즈벨트 역을 확인하고 지하철을 탔다.

1호선 4 정거장을 지나 루즈벨트 역에서 내렸다. 9호선 안내 표지를 따라 PONT DE SÈVVES 행을 탔다. 7번 째 자스망 역에서 내려 2번 출구 RIVERA 쪽으로 나갔다.

소리가 두 손을 흔들며 반갑게 달려왔다.

"수고하셨어요. 초행길인데 성공하셨어요. 박수!"

쑥스러웠다. 헤매지 않고 잘 도착했으니 다행이었다.

숙소로 돌아왔다. 7시.

『LOUVRE 300점의 걸작품』을 펴고 한 장 한 장 차례차례 살펴보았다. 박물관 내력과 규모, 소장품을 자세히 읽었다.

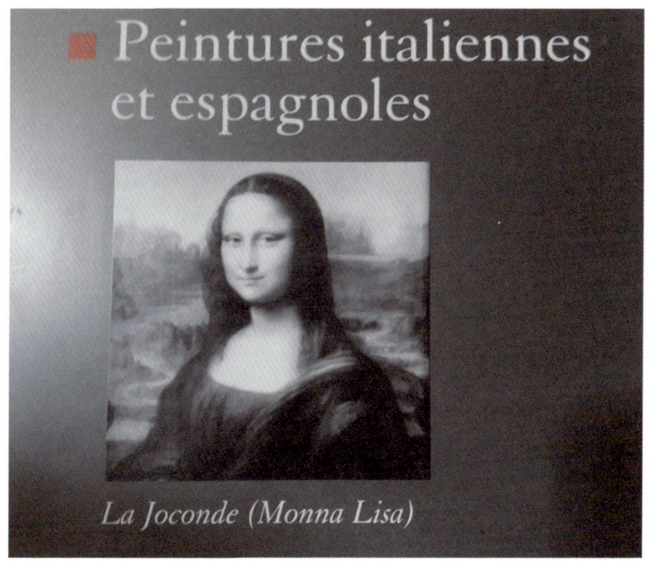

La Joconde (Monna Lisa)

작지만 큰 나라, 바티칸 시국

새벽 4시, 알람이 깨워주었다. 오늘은 이탈리아로 간다. 가방을 확인하고 지퍼를 채웠다. 5시에 예약한 택시를 타고 ORLY 공항으로 출발했다.

6시 티켓팅. 가방 13kg, 20.3kg 두 개를 수하물로 부치고 배낭을 메었다. 아침 식사로 간단히 빵과 음료수를 마셨다. Gate A-22에서 탑승했다.

좌석은 1-D,E,F. 맨 앞자리이다. 일찍 티켓팅한 덕분이다.

"엄마빠, 이탈리아에서는 소매치기를 조심해야 해요. 한눈팔지 마세요. 가방도 조심하고 휴대폰도 숨기세요. 기차 안에서도 소매치기를 당한대요."
"메모도 하지 마시고 사진 촬영도 조심해야 해요."
이탈리아? - 이것이 탈이야?

7시 30분에 이륙해서 9시 10분에 로마공항에 착륙했다.
로마공항 화장실에 WATER-SOUP-AIR가 나란히 붙어 있어 손을 씻고 말리기에 편리해서 좋다. 공항 시설도 깨끗했다. 첫인상이 좋았다. 앱으로 예약한 택시 기사가 〈SORLE〉 팻말을 들고 기다렸다. 7인용 승합차 트렁크에 가방을 싣고 우리 셋이 넉넉하게 앉았다.

"공형식 아저씨, 잘 지내시죠?"
"잘 지내지. 딸과 아들, 사위와 며느리가 다달이 모여서 파티를 연다고 하더라고, 은이 언니는 삼성병원에서 퇴직해서 학교 양호교사로 근무하고 있어. 참, 은혜 언니 아들 승환이가 대전 우송대학교 솔브릿지에 다니고 있어."

우리를 태운 승합 택시가 로마 시내를 달리면서 바티칸 시티 성벽을 끼고 지나갔다. 성벽을 따라 깃발을 들고 가는 단체관광객이 줄을 잇고 있다.
"숙소에 갔다가 우리도 이곳으로 올 거예요."
"대전 대흥동 천주교 성당 유흥식 주교님이 이곳 교황청에 내무장관으로 오셨잖아. 프란치스코 교황께서 한국을 다녀가신 후 발탁하셨지. 이번에 추기경으로 서임하신다는 뉴스를 봤어."
"저도 봤어요. 한국에서 4번째로 추기경에 서임되시는 거죠."

로마^{ROMA}

거대한 역사의 도시 로마.
로마를 빼놓고는 서양의 역사를 이야기할 수 없다. 로마는 인류사를 통틀어 가장 거대하고 가장 강력한 제국을 구축하여 오랫동안 세계의 중심이 되었던 곳이다. 서양문화의 뿌리를 이루는 가톨릭의 본산이다.
유럽의 모든 나라 중 로마의 영향을 받지 않은 나라는 없을 것이다.
로마에는 연간 천만 명의 관광객이 찾아온다.

10시 15분, 예약한 숙소, 아파트에 도착했다. 주인아주머니께서 바로 오셔서 문을 따주시고 안내하셨다. 2층이다. 엘리베이터는 겨우 가방 두 개를 실을 만한 좁은 공간이다. 소리가 먼저 가방 두 개를 가지고 엘리베이터를 타고 올라갔다.

거실과 안방, 주방과 욕실, 화장실이 있는 아파트이다. 주인아주머니께서 시설을 안내하시고 열쇠사용법을 알려주셨다. 여행 일정을 묻고 관광명소 몇 군데를 추천해 주셨다. 30분 정도 자상하게 설명하고 우리의 여권을 촬영했다. 자기도 관광 가이드를 해 봤다면서 유창하게 설명했다.

우리는 짐을 풀고 구겨진 옷을 옷걸이에 걸었다. 먼저 침대에 누워서 잠시 휴식했다.

12시, 점심을 먹으러 밖으로 나갔다. 아파트를 나가서 건물을 오른쪽으로 돌아 레스토랑으로 들어갔다. IL PORTO DI RIPETTA.

파스타와 링귀네, 오징어, 새우, 생선튀김을 주문했다. 물값은 3유로, 파리의 절반 가격인데 빵은 4유로로 계산했다. 102유로. 에어컨 고장으로 선풍기를 2대 틀어주었다. 휴가철, 기사가 여행을 떠나서 에어컨 수리가 되지 않는다고 미안해했다.

점심을 먹고 부근에 있는 공원을 산책할까 하다가 먼저 장을 보기로 했다. 구글맵이 마트까지 9분이 걸린다고 했다. 사과, 바나나, 멜론, 파프리카, 계란, 샐러드, 요거트, 치즈, 물, 그리고 치약도 샀다. 사흘치 부식이다. 슈퍼를 나오자 머리 위로 태양 열기가 훅훅 느껴졌다.

"젤라토 드시겠어요?"

"좋지, 젤라토의 고장 이탈리아에 왔으니 맛을 봐야지."

"유명한 젤라토 가게는 이따 가기로 하고 우선 동네에 있는 젤라토를 드세요."

작은 가게인데도 손님이 줄을 섰다. 복숭아, 배, 멜론 맛을 사서 입에 물고 숙소를 향해 걸었다.

"아니, 이것은 셔벗SHERBET 맛인데?"

"맞아. 셔벗 맛이야."
"이따가 바티칸 시티를 구경하면서 유명한 정통 이탈리아 젤라토를 드시지요."
숙소에 들어와서 창을 활짝 열고 침대에 누워서 쉬었다. 5시부터 바티칸 관람이 예약되어 있으니까 여유가 있었다.

4시에 숙소를 나와서 부근에 있는 포폴로 광장 산타마리아 성당으로 갔다. 택시를 기다리면서 성당을 둘러보다가 4시 50분에 택시를 타고 바티칸^{VATICAN} 시국으로 갔다.
광장 입구에서 예약한 관광가이드 〈HOLY CITY TOUR 로마 팀장 이송이〉 씨를 만났다.
이송이 팀장은 10살인 95년부터 로마에 살았고, 로마대학에서 미술사를 전공하고 2010년부터 13년째 해설을 하는 베테랑이다.

바티칸^{VATICAN} 시국

 세계에서 가장 작은 독립국이지만 가장 큰 영향력을 가진 세계 가톨릭의 중심지이다. 바티칸이라는 이름은 원래 이곳이 예언자 점쟁이가 살던 바티쿠스^{VATICUS} 언덕이라는 데에서 유래했다고 한다. 중세 시대 교황청 직속의 교황령은 로마를 중심으로 이탈리아반도 중부를 넓게 차지하고 있었으나 이탈리아가 통일되면서 이 지역에 대한 토지권을 상실하였다.
그 후 1929년 교황청과 무솔리니 간의 라떼라노 협약을 통해 성 베드로 성당을 중심으로 그 주변과 몇 개의 성당을 포함한 독립 국가로 인정되었다. 성 베드로 대성당과 시스티나 대성당, 성 베드로 광장, 바티칸 박물관, 미술관, 교황거처 및 교황청 건물들과 주변의 건물이다.
바티칸 시국은 독자적인 통신체계인 우편과 신문, 라디오. 은행과 화폐를 갖추고 있다. 그리고 근위대 등을 갖춘 국가로서 손색이 없다. 재정예산은 신자들의 기부금과 부동산 임대, 은행 투자 산업, 우표와 출판물 수입, 관광객 입장료 등이다.
바티칸 박물관은 1400여 개의 방이 있는 세계적인 박물관 규모이다. 이곳에는 고대 그리스 미술부터 중세에 이르는 미술사적으로 다양한 작품들이 소장되어 있다. 르네상스 시대의 조각들과 회화들, 미켈란젤로와 라파엘로 등 대 화가가 남긴 내부 벽화와 장식이 있다. 특히 교황을 선출하는 시스티나 성당에는 미켈란젤로의 천장화 〈천지창조〉가 있다. 교황 율리우스 2세의 간곡한 요청을 받아들여 1508년부터 1512년까지 4년 동안의 긴 작업 끝에 완성한 대작이다. 천지창조를 완성한 후 22년 동안 매달려 완성한 〈최후의 심판〉도 있다. 이 작품에는 391명의 인물이 등장하는 데 미켈란젤로의 천재성을 고스란히 보여주는 작품이다.

먼저 성 베드로 성당을 관람하기로 했다.

바티칸을 둘러보는 데는 하루도 모자란단다. 우리는 해 질 무렵에 왔으니 얼마나 볼 수 있단 말인가? 입장을 기다리는 관광객의 줄이 광장 반 바퀴에 걸쳐 이어졌다. 5시의 태양 열기도 여전히 후끈후끈했다. 최근 2-3년 사이의 로마 여름이 확확 달아오른다고 했다.

성 베드로 성당에 들어가는 데 40분이나 걸렸다. 요즘에도 하루 3만여 명이 찾아온단다. 하루 3만 명이면 1년이면 천만 명이 넘는다.

대성당에는 벽면과 천장, 바닥에 성스러운 성화 작품이 그려져 있다. 미켈란젤로와 라파엘로, 레오나르도 다빈치의 위대한 예술 작품이다.

어떻게 그리고, 어떻게 조각했을까?

아슬아슬하게 높은 천장에 어떻게 작품을 만들었을까?

공중에 매달려서? 공중에 누워서? 식음을 전폐하고 기도의 힘으로?

예수님과 성 베드로의 죽음을 상기하면서 목숨을 내놓고 제작했을까?

종교가 위대한 것인가? 예술가의 집념이 위대한 것인가?

성 베드로 대 성당

베드로가 순교한 곳, 바로 그곳에 베드로의 시신을 안장한 곳이 성 베드로 성당이다. 베드로는 네로 황제의 대학살 때 네로 전차 경기장에서 십자가에 못 박혀 죽었다. 베드로가 죽자 추종자들이 베드로가 죽은 자리에 큰 바위 하나를 놓았다. 나중에 베드로의 시신이 있던 그 자리에 성당을 짓고 〈성 베드로 성당〉으로 이름 붙였다. 그러니까 성 베드로 성당 지하에는 베드로의 시신이 있고, 그 옆에는 

5-12m 크기의 제정 로마 시대의 공동묘지에 네로 전차 경기장에서 순교한 기독교인들의 시신도 함께 묻혀 있다.

피에타PIETÀ

성 베드로 성당에 들어가면서 오른쪽에 가장 먼저 보이는 작품으로 성모 마리아가 죽어가는 아들 예수 그리스도를 무릎에 안고 있는 모습이다. 성 베드로 성당에서 가장 유명한 조각으로 미켈란젤로가 24세에 조각한 작품이다. 성모 마리아의 왼손바닥에 'M'이라는 철자가 새겨져 있는데, 이것은 바로 미켈란젤로의 비밀 서명이다. 미켈란젤로가 24세 때 피에타를 만들었다는 사실을 사람들이 믿지 않자 이를 

증명하기 위해서 비밀리에 미켈란젤로의 'M'자를 새겨 넣었다는 게 역사학자들의 설명이다. 피에타는 미켈란젤로가 로마에 살던 프랑스 추기경 장 드 빌레레스의 부탁으로 만들었는데, 18세기에 성 베드로 대성당으로 옮겼다.

발다키노BALDACCHINO

청동. 높이 30m 무게 37t
인간과 신의 중재 역할을 하는 다리이다. 성 베드로 성당 한 가운데 베드로 무덤 위에 설치했다. 30세 배르니니가 교황 우르바노 8세를 위해 만든 예술품이다. 청동이 모자라서 판테온 성당 천장의 청동을 뜯어다가 사용했다.

스위스에서는 자연의 경이로움에 숨죽였고, 로마에서는 인간의 무한한 능력에 전율했다.

이곳 성당에서 내일, 21명의 추기경이 서임된다. 우리 한국의 유흥식 주교도 추기경으로 서임되는 뜻깊은 날이다. 2015년 프란치스코 교황이 한국을 다녀간 후 로마교황청 내무장관으로 발탁한 것이다.
하나님, 천주님, 감사합니다. 할렐루야!

성 베드로 성당을 둘러보고 6시 35분에 나왔다. 6시에 예약한 바티칸 박물관 입장이 걱정이다. 박물관 입구로 달려갔다. 다행히 이송이 팀장의 발빠른 안내로 입장할 수 있었다.
박물관 입구 오른쪽 대리석 문 위에는 라파엘로와 미켈란젤로가 있었다.
바티칸 박물관은 세계에서 가장 큰 박물관으로 시스티나 성당과 라파엘로의 방, 피오 클레멘티노 박물관, 피나코테카, 바티칸 도서관 등 여러 부분으로 구성되어 있다.

16세기부터 교황 율리우스 2세가 각종 미술품과 유적 등을 수집하기 시작하면서 방대한 규모의 박물관이 되었다. 1773년부터 일반에게 공개되었으며 고대 이집트의 유물에서부터 르네상스의 걸작까지 명품들을 다량 소장하고 있다. 현재는 교황궁 건물 대부분을 박물관이 차지하고 있다.

9시 20분에 마지막 코너인 시스티나 예배당으로 들어갔다.
미켈란젤로의 천장화, 한쪽 벽면 전체에 그린 〈최후의 심판〉, 입을 딱 벌리고 넘어지다가 벽에 기대고 말았다. '주여, 이 엄청난 최후의 심판을 미켈란젤로가 혼자 그린 것이옵니까?'
9시 50분, 바티칸 박물관을 나왔다.
택시로 숙소에 도착하니 10시 15분이다. 시간도 늦고 너무 피곤해서 저녁 식사를 생략하기로 했다. 허리와 다리가 아팠다. 오당은 좌욕을 하면서 항문의 불편함까지 달래야 했다.

걸어서 로마 속으로

오늘은 로마 시가지를 워킹 투어WALKING TOUR하기로 했다. 스페인 광장에서 콜로세움 유적까지 4시간 코스이다.

쾌청한 날씨이다. 그러나 일기예보에 낮 한 때 소나기가 온다고 해서 우산을 챙겨 숙소를 나왔다. 9시에 스페인 광장에서 가이드 곽준 씨를 만났다.

푹푹 찌는 날씨에 관광객이 몰려와 트레비 분수에서 땀을 식히며 시원한 물줄기를 즐기고 있다. 쏴아쏴아 떨어지는 분수가 시원했다. 로마를 찾는 이들에게 빼놓을 수 없는 명소인 트레비 분수는 언제나 로마에 다시 오기를 기원하는 사람들로 넘실댄다.

트레비 분수FONTANA TREVI

트레비 분수는 고대 로마의 물 부족을 해결한 분수이다. 로마의 초대 황제 아우구스투스의 치산치수의 업적을 보여주는 명소이다. 황제 아우구스투스가 물 부족을 해결하기 위해 산으로 보낸 병사 세 명이 양치기 소녀의 안내로 샘을 발견해서 그 샘물을 로마 시내로 끌어온 것이다. 수로의 이름은 양치기 소녀의 공훈을 살려서 〈처녀의 물〉이란 뜻인 아쿠아 비르고AQUA VIRGO라고 정했다. 그 수로는 길이가 20km로 하루 10만 입방미터씩 제공해서 로마시민의 물 부족을 해결했다. 로마에서 다른 나라로 여행하는 사람은 이곳에서 물병에 물을 가득 채워 가고, 여행에서 돌아온 사람들도 이곳에 와서 갈증을 해소했다.

트레비 분수는 AQUA VIRGO의 종점이다. 트레비 분수 부근은 세 갈래로 갈라지는 곳, 트레비라는 말은 이탈리아어로 삼거리라는 트레 비오TRE VIO에서 유래했다.

교황 클레멘스 12세가 1730년에 트레비 광장에 분수를 만들기로 한 지 32년 만인 1762년에 완공한 로마의 명물이다.

트레비 분수의 주제는 '바다 길들이기'이다. 포세이돈이 가운데에서 조개 모양 수레를 이끌고 있다. 양 옆에는 그의 아들 반인반어 트리톤이 바다의 말 히포캄스 두 마리를 길들이고 있다. 왼쪽 말은 날뛰고 있고, 오른쪽 말은 온순하다. 바다는 폭풍이 휘몰아칠 때도 있고 평온할 때도 있다는 양면성을 나타내고 있다.

포세이돈 뒤편에는 양각 부조가 두 개 붙어있다. 하나는 AQUA VIRGO를 만든 아그리파이고 하나는 분수의 수원이 된 샘을 가르쳐 준 양치기 소녀이다.

트레비 분수는 바로크 양식의 아름다움이 절정에 달한 시기의 모습을 보여주고 있다. 로마에서 가장 멋진 분수로 손꼽힌다. 폴리 궁전의 벽면을 절묘하게 이용하여 개선문의 모양을 본떠 만들었다. 건물의 창과 완벽한 조화를 이룬다. 분수의 낙차를 크게 하려고 땅을 깊게 파서 물이 힘차게 흐르고 조각 작품도 이에 잘 어울리도록 역동적으로 만들었다.

스페인 광장 PIAZZA SPAGNA

이탈리아인이 설계하고 프랑스인이 지불하고 영국인이 배회하다 지금은 미국인 관광객이 몰려들기 때문에 미국인이 점령하고 있다는 스페인 광장, 예전에 스페인 광장에는 스탕달, 발자크, 바그너, 리스트, 브라우닝 같은 대문호와 예술가들이 몰려들었다.

스페인 광장에는 난파선 분수와 프랑스 성당으로 올라가는 계단이 있다. 프랑스 성당으로 올라가는 계단은 영화 〈로마의 휴일〉에서 그레고리 펙과 오드리 헵번이 젤라토를 먹는 장면을 촬영한 곳으로 관광객마다 젤라토를 입에 물고 인증샷을 찍었다. 그 계단 옆에는 영국의 천재 시인 존 키츠가 살다가 생을 마감한 집이 있다. 지금은 〈키츠 앤드 셸리 기념관〉이다.

난파선 분수는 로마 시대에 상류에 있던 배가 홍수에 떠내려온 것이라고 했다.

관광객들이 분수대를 등지고 서서 오른손
에 동전을 쥐고 왼쪽 어깨 너머로 집어던지
고 있었다.
분수대 물에 들어가면 다시 또 트레비 분수
에 올 수 있다는 말을 듣고 너나없이 동전을
던지는 것이다.
우리도 돌아서서 오른손에 동전을 쥐고 왼
쪽 어깨 너머로 집어던졌다. 분수대 안에 떨
어졌다. ㅋㅋ 또 오게 되었군.

베네치아 광장 ^{PIAZZA VENEZIA}

로마 시내 주요 도로가 만나는 곳으로 교통량이 많고 복잡한 광장이다. 1870년, 이탈리아를 통일시킨 비또리오 에마누엘레 2세를 기리기 위해 만들었다.

계단 위 중앙에 에마누엘레 2세의 기마상이 높게 세워져 있다. 정면은 〈조국의 계단 ALTARE DELLA PARTIA〉 이라 불리며 그 위에 무명용사의 무덤이 있고 언제나 횃불을 밝힌 가운데 근위병들이 지키고 있다. 광장 양쪽에는 15세기경에 축조되어 베네치아 공화국의 대사관으로 쓰인 베네치아 궁전이 있다. 오른쪽 건물의 정문 위에는 베네치아의 상징인 날개 달린 사자의 조각이 있다. 제2차 세계대전 당시에는 무솔리니의 집무실로 사용되었다. 지금은 베네치아 궁 박물관이다. 이곳에 베네치아 공화국의 대사관이 있던 자리여서 베네치아 광장이라 부른다.

로마 건축미술의 최고 걸작 가운데 하나로 알려진 판테온 성당PANTHEON은 돔의 중심이 하늘을 향해 뻥 뚫려 있어 맑은 날에는 따뜻한 태양 빛이 들어온다. 이 시간의 판테온 성당은 경건함과 따스함으로 가득 찬다.

판테온 성당은 완벽한 형태로 남아 있는 고대 로마의 유적이다. 기원전 25년에 아우구스투스 황제의 양아들 마르쿠스 아그리파가 7개 행성의 신들을 경배하기 위해 만든 신전이다. 판테온은 그리스어로 '모든 신들에게 바친 신전'이라는 뜻이다. 로마의 여러 신들을 모시는 공간이지만 르네상스 시대의 예술의 거장 라파엘로가 묻혀있는 곳이다. 자신의 천재성을 다 펼치지 못하고 요절한 라파엘로의 흉상을 보러오는 관광객도 많다.

판테온의 기본 구조를 이루고 있는 반구는 우주를 상징하며, 거대한 돔의 정상에 뚫려있는 구멍은 행성의 중심인 태양을 상징한다. 둥근 천장에는 격자마다 청동 별들로 장식되어 판테온

내부에서 우주를 느낄 수 있게 하였다. 지붕에는 금박을 입혀서 외부에서 봤을 때 태양처럼 보이게 제작되었다. 그런데, 17세기 교황 우르바노 8세가 성 베드로 성당에 세우는 베르니니의 〈발다키노〉 청동 기둥에 사용하기 위해 금박과 청동 200톤을 제거해갔다. 판테온에 들어서면 천장에 뚫린 구멍으로 들어오는 빛이 내부를 환하게 밝혀 주는데, 시간의 흐름에 따라 비

추는 각도가 변한다. 마치 하늘이 판테온의
내부 공간에 스며들어 오는듯한 느낌이 들
게 해 사람들에게 성스러운 신에 대한 경의
를 환기시키고자했다.

라파엘로는 1520년에 사망하고 이곳에 안
치되었다. 그의 돌무덤에 라파엘로의 문하생
로렌쩨토의 〈돌의 성모마리아〉라는 아름다
운 조각상이 있다. 판테온은 이탈리아 왕들
의 영묘로도 쓰였다. 비토리오 에마누엘레 2
세와 움베르토 1세와 왕비 말르게르타의 무
덤도 있다. 판테온은 609년에 성모마리아와
모든 순교자들에게 바치는 성당이 되었다.

성당 앞에서 마녀 행색의 거지가 구걸하고 있었다. 누더기를 걸쳐서 얼굴이 잘 보이지 않은 채
허리를 굽혀 지팡이를 짚고 온몸을 떨고 있었다. 간간이 누워있는 거지는 봤지만 일어나서 벌
벌 떨고 있는 거지는 처음 보았다. 빌어먹는 거지는 어디서나 만난다. 빌어먹는 거지도 전문직
업인 것 같았다. 빌어먹을…

나보나 광장 PIAZZA NAVONA

광장에는 한가운데 4대륙 분수가 시원하게 쏟아지고 있어서 많은 관광객이 모인다. 나보나 광장은 아그
네스가 처형당했던 도미티아누스 스타디움이다. 광장에는 4대륙 분수와 성 아그네스를 위한 하얀 성당이
있다. 성당 기도실에는 아그네스의 해골이 안치되어 있다.
디오클레티아누스 황제가 통치하던 로마의 최고 권력자인 집정관 샘프로니우스가 자신의 아들과 아그네
스를 결혼시키려고 했다. 그러나 아그네스는 어려서부터 독실한 기독교인으로 하나님의 은혜와 결혼한 몸
이라고 청혼을 거절했다. 화가 난 샘프로니우스가 아그네스에게 엉뚱한 혐의를 뒤집어씌워 사형선고를 내
렸다. 아그네스를 불에 태워 죽이려고 장작더미에 불을 붙여도 불이 붙지 않자 옆에 서 있던 병사의 칼을
뽑아 아그네스의 목을 베었다. 그 처형장소가 나보나 광장이다.

나보나 광장은 바로크식 궁전이 있는 넓고 아름다운 광장으로 차가 다니지 않아서 한적하고 조용하다. 그렇지만 카페나 레스토랑들이 문을 열기 시작하면 관광객들로 붐빈다. 바로 이때 부터 독특한 분장을 하고 다양한 포즈로 퍼포먼스를 하는 사람들이 등장해서 관광지의 분위 기를 달구어준다.

많은 볼거리와 즐거움을 주는 사람들이 기다리고 있는 나보나 광장은 도미티아누스 황제 때 에 전차 경기장으로 사용되던 곳이었다. 나보나 광장을 낮에 찾아오는 여행객은 로마를 두 번 이상 방문해서 로마를 좀 아는 사람들이다. 그러나 저녁이 되면 여행객보다는 로마사람들이 점점 많아지기 시작한다. 하루의 피로를 풀기 위해 유쾌한 볼거리를 찾아 나보나 광장으로 나 오는 것이다.

나보나 광장 뒤에는 이곳에서 쫓겨난 원주민들이 시장을 열어 살아가고 있다.

포폴로 광장 PIAZZA POPOLO

로마 시내를 한눈에 내려다볼 수 있는 핀치오 언덕 아래 자리한 포폴로 광장은 1820년 쥬세페 발라디에가 만들었다. 이곳은 북쪽에서 로마로 들어오는 길목으로 광장에서 남쪽으로 세 개의 큰 길이 뻗어있다. 철도가 없었던 시대의 여행자들은 이 포폴로 광장의 문을 통해 로마로 들어왔다. 괴테도 바이런도 키이츠도 이 문을 통해 들어왔다. 이 문은 3세기 때 만들어진 것이지만 17세기에 스웨덴의 여왕 크리스티나의 로마 입성을 기념해서 다시 세운 것이다.

광장 가운데 우뚝 선 오벨리스크를 등지고 서면 이 세 갈래 길이 보인다. 이 오벨리스크는 기원전 13세기에 아우구스투스 황제가 이집트에서 가져온 것이다. 광장 남쪽에는 쌍둥이 성당이 있다. 왼쪽이 산타 마리아 미라콜라 성당, 오른쪽은 산타 마리아 몬테산토 성당이다.

포폴로 문은 로마 북쪽 입구로 3세기경에 세웠다. 그 옆의 수도원은 마틴 루터가 2년간 머물렀었다.

고대 로마 때부터 외지인들이 로마를 방문할 때 출입하던 포폴로 성문의 광장이다.

스웨덴 여왕으로 22년간 통치한 크리스티나가 신교에서 가톨릭으로 개종하고 로마의 적극적인 환영을 받으며 로마에 왔다. 크리스티나가 도착한 광장에는 교황 알레산데르 7세와 수천 명의 로마시민이 환영하기 위해 모여 있었다.

포폴로 성문에는 크리스티나를 환영하는 행복하고 축복받은 도전을 위해 'Felici fausto ingressui'라는 문구를 써넣었다. 그리고 스웨덴 왕실 깃발의 상징인 밀 이삭도 높이 만들어 세웠다. 로마 교황들은 크리스티나를 '가톨릭 개혁의 상징'으로 칭송했다. 그리고 그녀가 죽은 뒤 여성으로서는 이례적으로 바티칸의 성 베드로 성당 지하 교황들의 무덤에 안장했다.

스웨덴은 프로테스탄트 국가였다. 아버지 구스타프 아돌프 국왕은 1632년 '30년 종교전쟁'에서 가톨릭 병사가 쏜 흉탄에 가슴을 맞고 죽었다. 가톨릭은 사실상 원수와 같은 종교였다. 그러나 크리스티나는 왕위에 오른 직후부터 이상하게 가톨릭에 끌려 가톨릭 교리를 배웠고 왕위에서 퇴위하자마자 로마 교황청에 개종 의사를 밝히고 환영의 답장을 받자마자 로마로 가게 되었다. 크리스티나는 1689년 67세의 나이로 세상을 떠날 때까지 로마에서 살았다.

포폴로 광장은 우리 숙소 부근에 있어서 수시로 들락거리며 구경했다.

콜로세움 COLOSSUM

바깥둘레 527m, 높이 57m, 외벽은 아치와 기둥으로 되어있다. 1층부터 도리아식, 이오니아식, 코린트식의 다양한 양식이 복합되어 건축했다. 콜로세움은 5만여 명을 수용할 수 있는 초대형 원형경기장이다. 콜로세움은 라틴어로 Colossus, 거대하다는 뜻이다.

베스파시아누스가 네로 황제와의 내전에서 승리해 황제가 되자 시민들의 환심을 사기 위해 대규모 행사를 치룰 수 있는 경기장을 만든 것이다. 그는 자살한 전 황제 네로의 땅에 콜로세움을 세웠다. 네로가 백성들로부터 빼앗은 땅에 대규모 경기장을 지어서 백성들에게 다양한 볼거리를 제공한다면 자신의 인기가 급상승할 것을 기대한 것이다. 베스피아누스 선황이 72년에 착공한 사업을 티투스 황제가 8년 만에 완공했다. 완공 기념으로 사상 최대 규모의 무네라 행사를 열었다.

무네라

대회 기간 : 100일.

규모 : 검투사 수천 명, 코끼리, 물소, 사자, 표범 등 야생동물 수백 마리,

입장료 : 무료,

경품과 금화 배포, 음식과 음료수, 과자 무료 제공

검투 경기에는 전쟁포로와 노예들을 출전시켜 죽을 때까지 싸우게 하는 경기로 하루에도 수백 명이 죽어나가는데 로마인들은 이 살인 검투를 보면서 돈을 걸고 내기도 하면서 환호했다. 100일 동안의 콜로세움 개장 기념 무네라 행사에서 희생된 검투사가 2천 명, 희생된 동물은 9천 마리였다.

석 달 열흘 동안 로마를 온통 축제의 난장판으로 만들면서 시민들을 호도한 것이다.

그렇게 해서 시민들이 싫어하는 유대왕국의 공주 베레니스를 잊어버리게 하고, 베수비오 화산과 대 화제의 충격에서 벗어나도록 꼼수를 부린 것이다.

콜로세움 맞은편 언덕 대로변에서 버스킹 공연이 펼쳐지고 있었다. 70대 후반으로 보이는 건강한 노인이 신명나게 춤을 추었다. 지나던 관광객들이 둘러서서 구경하고 있었다. 반주기를 놓고 기타를 연주하는 노인과 함께 2인조 공연단이다. 춤사위가 다채롭고 능숙했다.

"저 분은 매일 춤을 추는 이 동네 사람입니다. 우선 여기서 한바탕 춘 다음에 저쪽에 있는 젊은이들 밴드한테 가서 또 춥니다. 온종일 춤추시는 것 같아요. 정력이 대단하신 분이지요."

곽준 해설사가 항상 만나는 동네 춤꾼이란다.

12시 20분에 워킹 투어가 끝났다. 관광객이 붐비지 않아서 좀 일찍 마치게 되었다.

"우리 가족을 이틀 동안 그쪽 가족이 안내해주셨어요. 참으로 귀한 인연입니다. 두 분의 해설이 참 좋았어요. 부담되지 않으면 점심을 대접하고 싶으니 같이 가시죠."

"감사합니다. 그런데 다음 약속 시간이 임박해서 지금 가야 합니다."

"아, 그러세요?. 어제 밤에도 이송이 팀장 저녁 대접하지 못해서 아쉬웠는데, 또 그렇군요. 다음에 한국에 오시면 연락 주세요. 꼭 대접하고 싶습니다."

"네, 감사합니다. 좋은 여행하세요."

곽준 씨와 이송이 씨는 가이드로 활동하다가 결혼했다. 이송이 씨는 2010년부터, 곽준 씨는 2013년부터 가이드 활동을 시작했다.

오늘도 뜨겁다. 12시 30분 현재 기온이 32도이다. 그래도 수그러진 기온이란다. 8월 중순까지는 36도의 폭염으로 시달렸단다. 이런 더위는 올해가 처음이라고 하니 기후변화로 지구는 확실히 뜨거워지고 있는 것이 분명하다. 레스토랑 BASE를 찾아갔다. 올리브 튀김과 치즈와 토마토, 토마토 치즈, 문어 샐러드, 토마토 크림소스의 파스타, 피자 한 판을 주문했다. 간이 짜지 않아서 좋았다. 배부르게 먹고 계산했다.

"앗, 48.5유로! 왜 이케 싸다냐? 값도 싸고, 맛도 좋고, 도랑 치고 가재 잡았네."

식사가 끝나자 소리가 택시를 부르려고 했다.

"아니야, 배도 부르니까 운동 좀 해야지. 걸어서 천천히 가자."

"30분 이상 걸어야 해요. 햇살이 너무 뜨거워요."

"괜찮아. 운동 삼아 걸어서 가자."

숙소로 돌아가는 길에 슈퍼에서 채소와 과일, 돼지고기와 식수를 샀다.

한낮의 더위를 피해서 숙소 침대 위에서 휴식했다.

6시, 숙소 옆에 있는 포폴로 광장을 지나서 언덕 위로 올라갔다. 언덕에서 내려다보이는 서쪽 조망이 확 트여서 좋았다. 70여 미터 올라서니 정상에 넓은 광장이 있다. 서쪽 멀리 바티칸 시국 성 베드로 성당 돔 지붕이 보인다.

한 시간 정도 〈보르게세〉 공원 숲길을 산책했다. 플라타너스, 소나무, 전나무, 단풍나무가 빽빽하다. 소나무 숲이 이어졌다. 쭉쭉 뻗어 늘씬한 아름드리 소나무 숲이다. 숲길 사이로 포장도로가 나 있고 자전거와 자전거 수레가 달린다.

소리가 보고 싶어 한 보르게세BORGHESE 미술관이 나타났다. 이 미술관은 일주일 전에 예약해야 입장할 수 있는 미술관이다. 건물만 훑어보고 발걸음을 돌렸다.

7시 30분, 해가 뉘엿뉘엿 넘어가고 있다.

난간 쪽으로 몰린 관광객이 환호성을 지르며 석양을 배경으로 셔터를 눌렀다. 여기에도 버스킹 공연을 하는 뮤지션이 있다. 반주기와 스피커를 세우고 기타 반주를 하면서 노래를 불렀다. 흥에 취한 여자 관광객이 노래에 맞춰 섹시하게 춤을 추었다. 숙소 옆에 이런 좋은 공원이 있으니 내일 아침에도 와야겠다.

"저녁 먹고 콩코드 광장에 야경을 보러 가요."

낮에 장 본 삼겹살을 구워서 현미밥과 상추쌈으로 먹고, 후식으로 멜론과 바나나를 먹었다.

1870
Hosteria
del Mercato

9시 25분, 피아차 델 포폴로 광장을 한 바퀴 돌아서 스페인 광장으로 향했다. 거리의 풍경은 낮이면 낮대로 밤이면 밤대로 운치가 있어 멋스럽다. 줄지어 선 5층 건물이 아래층(0층)은 가게, 위층(1층)은 아파트 형식이다. 가게 앞에 입간판과 돌출간판이 없어서 널찍하고 깨끗했다.

우리나라 가게들은 대형 입간판을 세우고, 돌출간판을 달아놓는다. 게다가 '○○원조', '○○최고'라고 거짓 간판을 내걸고 있으니 참으로 불쾌하다. 통영 시장에는 '원조 김밥'이라는 간판을 대부분의 가게가 내걸고 있었다. 대둔산에 가면 대부분의 식당 간판이 ○○전주 식당으로 '전주'를 붙여놓았다. 음식 맛이 좋은 전주의 덕을 보자는 얌체 짓이다.

스페인 광장으로 갔다. 관광객은 넘쳐나고 경찰관은 차를 주차해놓고 비상 대기 중이었다. 그런데도 소매치기는 요소요소에서 작업을 걸고 있다.
오드리 헵번이 젤라토를 먹던 계단을 올라 프랑스 성당으로 갔다. 성당 앞에는 거리 화가가 부녀를 앉혀놓고 초상화를 그리고 있었다. 아빠는 코믹하게 턱을 앞으로 주-욱 내밀게 그려놓고, 어린 따님은 곱고 예쁘게 그려주고 있다. 부끄러워하는 어린 딸에게 엄지 척으로 반응을 보였다.
아빠와 딸이 싱긋 웃으면서 눈인사로 받아주었다.

10시, 트레비 분수로 갔다. 로마의 관광객이 다 몰려온 것 같았다. 발 디딜 틈이 없이 꽉 찬 관광객으로 부산하다. 조명을 받은 분수가 관광객의 웅성거림보다 힘차게 좔좔 쏟아졌다.

오당의 말대로 트레비 분수는 살아있다. 생명력이 넘친다. 다른 유적은 역사 속에 멈춰 있지만, 로마인의 젖줄인 트레비 분수는 쉬지 않고 흐르면서 씩씩하게 노래하고 있다.

분수대 안쪽 난간에서 갖은 폼을 잡으며 사진을 찍어대는 한 여자는 10여 분 이상을 쇼를 했다. 모두가 한 컷 하겠다고 대기하고 있는데, 무슨 염치로 저 혼자서 장시간 불쾌한 주접을 떨고 있는가?

"꼴값하고 있네!"

아니꼽고 얄미워서 트레비 분수에서 나와버렸다.

"엄마빠, 젤라토 드시러 가요. 로마에서 손꼽히는 소문난 가게가 5분 거리에 있어요."

"와우! 그라찌에 Grazie!"

10시 30분, 그 유명한 가게 GIOLITTI 앞 골목은 젤라토 손님으로 꽉 찼다.

GIOLITTI 1900년, 120년 역사의 젤라토 가게, 역사와 명성만큼 인기가 높다.

한참 동안 침을 삼키면서 차례를 기다렸다. 3 유로짜리 3개를 주문했다. 바나나, 파인애플, 밤, 포도, 카카오, 복숭아 젤라토를 콘에 담아 주는 종업원의 손길이 능숙하다. 싱글벙글 유쾌하게 웃으면서 손님과 인사를 하고 주문한 것을 큰소리로 복창하면서 듬뿍듬뿍 퍼 담아 준다. 콘위에 두 겹 세 겹으로 퍼서 붙인 젤라토가 떨어질까 봐 받자마자 얼른 입으로 가져가서 핥아 먹었다. 주변의 남녀노소 누구랄 것도 없이 어린이처럼 좋아하며 혀를 내밀어 핥아먹고 있다.

"아유, 맛있어. 역시 이탈리아 젤라토가 젤났다야."

"엄마빠, 한국에도 GIOLITTI의 체인점이 있대요."

"그래? 귀국해서 찾아봐야겠군."

11시, 숙소로 돌아왔다. 샤워를 하고 자정이 넘어서 자리에 누웠다. 내일은 늦장을 피워도 되니까 실컷 푹 자보자. 젤라토 먹은 입술을 빨면서 기분 좋게 잠들었다.

거짓말이면 손이 잘린다

7시 49분에 기상. 일요일의 여유로움 속에 늦잠을 잤다.

그런데, 밤새 사람 죽는 꿈을 세 가지나 꾸었다. 조카가 죽고, 선배 어머니가 돌아가시고, 또 누군가 죽었다. 이게 무슨 징조란 말인가?

오늘은 〈진실의 입〉을 보러 가야 하는데 진실과 죽음에 대한 경고인가?

오당이 사흘째 배변을 하지 못하고 있다. 배를 쓸어 주고 싶은데 주방에서 요리하느라 분주하다. 기름진 식사 때문인가? 배탈이 난 것인가? 파리 숙소에서 힘겹게 배변 후 이상이 생겼다. 온종일 걸어다니니까 운동량이 부족하지는 않을 텐데, 걱정이다. 이따가 약국에 가야겠다.

"여보, 성공했어요."

"와우, 굿 뉴스, 굿 똥꼬!"

10시 30분, 아침을 먹고, 12시에 숙소 앞에서 버스를 탔다. 어제 걸어 다닌 거리를 오늘은 버스로 달렸다. 17분 후에 〈진실의 입〉이 있는 산타마리아 인 코스메딘 성당에 도착했다.

산타마리아 인 코스메딘 성당은 로마의 거대한 성당들에 비해 작고 소박하다. 그러나 로마를 소개하는 가이드북에서는 로마 시내에서 가장 아름다운 성당으로 손꼽힌다고 소개한다. 매우 독특한 로마네스크 양식의 종탑과 모자이크된 바닥 장식이 유명하다.

여기도 온통 소나무 숲이다. 소나무 솔방울이 '영원한 안식'을 상징한다니까 '로마의 영원한 역사를 위한 바람'인 모양이다.

이미 줄지어 늘어선 관광객 뒤를 따라 진실의 입 괴면 얼굴 앞으로 갔다. 둥근 돌판에 해신인 트리톤의 얼굴이 조각된 진실의 입. 진실의 입은 진실을 심판하는 정치적 도구였다. 중세부터 집권자가 반대파를 숙청하기 위한 수단으로 이용한 〈거짓의 칼날〉이었다. 집권자가 진실의 입 안에 숨어 있다가 반대파나 맘에 안 드는 사람의 손이 들어오면 진실이 아니라고 선언하고 가차 없이 잘라버렸다고 했다. 이 얼마나 무섭고 야비한 진실의 입인가? 그런데 이 진실의 입이 홍수로 떠내려가 어느 집 하수도 뚜껑으로 사용한 적이 있었다니 참으로 우스꽝스럽다.

이 소문은 진실인가? 거짓인가?

나도 〈진실의 입〉 괴면 해신 트리톤 입속으로 손을 넣으면서 움찔움찔했다. 그동안 거짓말을 한 것이 어디 한두 번인가? 오당이 앞에서 사진을 찍는데 뜨끔했다. 〈진실의 입〉에서 손을 빼냈다. 다행히 잘리지 않고 멀쩡했다. 이제부터라도 거짓말을 하지 말아야겠다. 될 수 있는 한.

로마의 중심을 가로질러 흐르는 테베레
강을 건너서. 로마 시대 유대인들과 이교
도들이 정주한 마을로 갔다.
먼저 유대인들과 이교도들이 섬기던 산
타 세실리아 성당으로 갔다. 성당 앞쪽에
성녀의 시신이 있고 그 위에 십자가에 매
달린 예수 그리스도가 있다.
'너의 삶이 죽음 앞에서 진실하고 은혜
로우냐?'
성녀와 예수님이 물으시는 것 같다.

피자로 소문난 레스토랑을 찾아갔다.
야외 테이블에 앉았다. 이탈리아 피자 두 판
과 옥수수 샐러드, 시원한 물을 주문했다.
한낮의 더위가 불편했지만 모두 들 즐겁게
식사를 하면서 담소를 나누었다.

40 유로를 계산하고 골목길을 산책하다가
젤라토 가게로 갔다. 딸기와 레몬, 망고를 주
문했다. 줄을 서서 기다리면서 음악에 맞춰
들썩들썩 엉덩이춤을 추었다. 여자 종업원이
박장대소하면서 매일 오셔도 좋은 손님이라
고 즐거워했다. 손을 흔들면서 건네주는 젤
라토를 받아들고 엉덩이를 또 흔들었다. 보
너스로.

"서쪽 언덕에 있는 자니콜로 공원으로 가요. 동쪽으로 로마 시가지가 한눈에 보여요."

구글맵을 보면서 따라갔다. 언덕을 오르는 가파른 높은 계단이 버티고 있다. 다리가 불편한 오당 때문에 다른 길이 있는지 살펴봤다. 있긴 한데 많이 빙 돌아가야 하는 길이다.

"천천히 올라가 봐요."

오당이 그냥 가자고 양보하는 바람에 가파른 계단을 올라갔다. 오당을 부축하면서 땀이 나게 걸었다.

"우와 로마가 다 보여요. 시원한 분수도 있어요. 천천히 올라오세요."

먼저 올라간 소리가 외쳤다. 땀이 고인 오당 손을 잡고 힘겹게 올라갔다.

"후유, 고생했어요. 여보. 우선 분수대에 앉아서 땀 좀 식힙시다."

이미 많은 관광객이 분수대 앞에 걸터앉아서 쉬고 있었다.

머리 위에서 쏟아지는 햇살이 로마 시내를 환하게 밝혔다. 사방에 돔형 성당 지붕이 수욱수욱 올라와 있다. 우리가 다녀갔던 성당이 보였다. 북동쪽으로 멀리 포폴로 광장 탑도 보였다.

"엄마빠, 저 위쪽 자니콜로 공원으로 올라가요. 5분만 올라가면 플라타너스 숲 아래에서 시원하게 시가지를 조망할 수 있어요.

자니콜로 공원으로 올라갔다. 두세 아름드리 플라타너스가 하늘 높이 쭉쭉 시원스럽게 뻗어 올라갔다. 중국 남경의 가로수 플라타너스처럼 잘도 자랐다. 도심 속의 플라타너스는 가지치기를 당해서 볼썽사나운데 공원에서 쭉쭉 맘대로 자라서 울창하고 아름다웠다.

플라타너스 숲길을 올라 정상에 도착했다. 아까보다 훨씬 조망 감이 좋다.

아가씨 두 명이 카메라 앞에서 로마 시가지를 배경으로 춤을 추고 있었다. 우리를 쳐다보고 싱글벙글 웃으면서 몇 번이나 다시 춤을 추고 녹화를 했다. 카메라를 들여다보고 만족했는지 춤추듯 사뿐사뿐 자리를 떠났다.

4시 55분, 버스를 타고 자니콜로 공원을 내려왔다. 산허리를 빙글빙글 돌면서 썰매를 타듯 한숨에 내려왔다. 파올로에서 내려 숙소로 가는 버스를 기다렸다.

"아 참, 아빠. 2천 년 된 도보다리를 가야 하는데 깜빡했어요."

우리는 다시 테베레강을 건너서 다른 버스를 타고 세 번째 정거장에서 내렸다.

"여기예요. 2천 년 전에 만든 다리래요."

"히야, 2천 년 된 다리가 이렇게 튼튼하다니?"

참 대단한 기술이다. 아니, 예술이다. 예술!

다리 이름도 〈도보〉. 걸어가는 다리이다. 다리 위에서 사진을 몇 장 찍고 도보다리를 도보로 건넜다.

"이제 나보나 광장으로 가요. 광장 카페에서 음료수를 마시면서 4대륙 분수를 감상하시죠."

나보나 광장까지 7분이 걸렸다. 분수대가 잘 보이는 가까운 카페로 들어가서 시원한 물과 얼음을 주문했다.

광장 가운데는 4대륙 분수가 쏟아지고 그 옆에는 오벨리스크^{OBELISK}가 하늘을 찌르고 있다.

고대 이집트 왕조 때 태양신앙의 상징으로 세운 거대한 4 각주 석재 방첨탑 오벨리스크, 끝이 가늘고 피라미드형을 한 정상에 황금을 붙였으며 본체와 기대 표면에 봉헌의 명문을 새겼다.

7시가 지나면서 파라솔을 거두니까 시원한 바람이 불어왔다.

거리의 음악가, 70대 노인의 클래식 기타 연주를 듣고 박수를 치면서 동전을 넣었다.

"자, 이제 트레비 분수를 거쳐서 숙소로 가요."
아니, 트레비 분수대에 동전을 던진 덕분인지 또 트레비 분수를 가게 되는구나.
"당신이 좋아하는 분수를 이틀 동안에 세 번이나 가는구려."
트레비 분수에는 오늘도 관광객으로 넘쳤다. 하루해가 저무는 시간, 집으로 돌아가는 참새 떼처럼 지지골지지골 떠들어대면서 모여들었다. 낯익은 물속의 말 두 마리가 키힝키힝 인사를 하는 것 같았다. 여유롭게 트레비 분수를 즐기다가 숙소로 돌아왔다.

"저녁은 라면과 짜파게티입니다."
챙겨온 라면과 짜파게티로 간단히 저녁을 해결했다. 그리고 다시 짐을 꾸렸다.

내일은 기차를 타고 북쪽 베네치아로 간다.

"엄마, 마스크 팩 좀 하세요. 오늘 뙤약볕에서 많이 탔을 거예요."

"여보, 당신도 하세요. 메모 그만하시고 이쪽으로 바로 누우세요. 20분이면 돼요."

우리는 마스크 팩을 하고 나란히 누워서 편안하게 쉬었다.

"베네치아 가이드로부터 또 문자가 왔어요."

지금 베네치아에는 소매치기가 극성입니다. 큰 가방도 훔쳐갑니다. 여권과 중요한 소지품
은 깊숙이 잘 챙기세요. 베네치아에서는 절대로 한눈을 팔면 안 됩니다.
누가 환영한다면서 꽃을 주더라도 받지 마세요. 말을 걸더라도 대꾸하지 마세요.
애기를 이용할 수도 있으니까 예쁘다고 접근하지 마세요.
내일 베네치아에서 뵙겠습니다. 가이드 드림.

무섭다. 뭐 이런 데가 다 있나?

400개의 다리로 연결된 베네치아

6시 40분 기상.

오늘은 베네치아VENEZIA로 간다.

청소와 샤워를 하고 과일 샐러드와 햇반, 깻잎 짠지로 아침 식사를 했다. 식기를 깨끗이 씻어서 선반 제자리에 정리하고, 이부자리는 침대 위에 타월은 욕실에 두었다. 숙소를 나왔다.

9시 40분에 택시를 타고 로마 기차역으로 갔다. 10시 35분, 4번 플랫폼에서 베네치아 행 특급열차를 탔다. 4시간을 달려야 한다.

2시 34분에 산타 루치아 역에 도착했다.

2시 58분, 베네치아역 앞 선착장에서 수상 버스 바포레토를 탔다. 바포레토에서 내려 골목 길로 들어섰다. 중국 〈후통〉처럼 비좁은 골목이다.

연락을 받고 마중 나온 주인아주머니를 따라 숙소로 갔다. 거실, 방 2칸, 주방, 샤워장 2개,

화장실, 세탁실이 있는 아파트이다. 주인아주머니의 체격이 건장하고 말투가 씩씩하다. 계약서를 작성하고 여권을 복사했다.

6시, 리알토 선착장에서 베네치아 역으로 갔다. 워킹투어 가이드를 만났다. 먼저 온 한국 관광객 4명과 인사를 했다. 가이드는 밀라노에서 이사 왔고 6년 경력이라고 활기차게 소개했다.

"수상 버스 바포레토를 타고 오셨지요?
물의 도시, 아름다운 수상 도시 베네치아에 오신 걸 환영합니다. 베네치아에는 교통수단 3무가 있습니다. 자전거가 없고, 오토바이가 없고, 자동차가 없습니다. 오직 수상교통만 있습니다. 수상 버스와 곤돌라뿐입니다. 베네치아는 120여 개의 섬을 400여 개의 다리가 연결하고 있습니다. 모든 섬을 걸어서 가거나 운하를 통해 곤돌라나 수상 버스로 다닙니다. 출발하시죠."

"베네치아의 명물 곤돌라는 우수 인력이 운전합니다. 곤돌라 뱃사공 곤돌라 맨의 자격은 아주 까다롭습니다. 먼저 부모님이 모두 베네치아 사람이어야 하고, 곤돌라 학교를 졸업해야 합니다. 곤돌라 학교에 입학하려면 2개 국어를 해야 합니다. 졸업할 때는 5개 외국어를 해야 합니다. 전통민요와 노래도 잘 불러야 하고 노를 젓는 솜씨가 익숙해야 합니다. 이를테면 곤돌라에서 잠자는 손님이 깨지 않도록 소리 없이, 출렁거림 없이 잔잔하게 노를 젓는 섬세한 기술이 있어야 합니다. 곤돌라 맨의 수입은 고액이 보장되는 특수직입니다."

"저기 건물은 옆으로 기울고 있습니다. 베네치아의 건물들이 해마다 조금씩 기울고 있어요. 그

리알토 다리 PONTE DI RIALTO

리알토 다리는 베네치아 섬 대운하에 놓인 세 개의 다리 중 가장 유명한 다리이다.
원래 이곳에는 목조다리가 있었는데 새로운 석조다리의 설계 공모에서 미켈란젤로를 제치고 안토니오 다 뽄떼ANTONIO DA PONTE의 설계가 채택되어 1592년에 완공되었다.
이 다리를 세우기 위해 만 개 이상의 말뚝을 박았다.
다리가 있는 곳이 대운하 중 가장 폭이 좁은 28m이다. 다리에는 12개의 쇼핑센터가 있고, 주변에 각종 시장과 상점들이 밀집하여 베네치아의 상업적인 중심가이다.

래서 2040년 전까지 특별한 대
책을 세운다고 합니다."

"곤돌라가 다니는 운하는 S자로
휘어져 있어요. 폭풍과 파도의 피
해를 줄이려고 일부러 꼬불꼬불
휘어지게 만든 것이죠.
해일로 바닷물이 넘쳐서 피해를
많이 봅니다. 그래서 집집마다 해
일로 쳐들어오는 바닷물을 막기
위한 대문 보호 철판을 만들어
서 막고 있습니다."

키가 작은 가이드는 춤을 추듯
이 경쾌하게 해설했다. 가이드가
천직이라면서 즐겁게 일한다고
했다.

베네치아를 살린 전설

도제(총독)의 궁전 바로 옆에 대리석 다리가 하나 있다. 하루 종일 수많은 관광객이 오가는 다리이다. 그 다리 아래에는 성모 마리아가 아기 예수를 안고 있고, 작은 고기잡이 배 한 척이 서 있는 장면의 그림이 있다. 이 그림은 베네치아를 살린 전설을 그린 것이다.

옛날 베네치아에 늙은 어부가 있었다. 그 어부의 전 재산은 배 한 척뿐이었다. 그는 배를 도제의 궁전 옆 다리에 묶어놓고 새우잠을 자고, 날이 새면 고기잡이를 하며 근근이 살아가고 있었다.

태풍이 사흘 째 강타하던 날 밤이었다. 얼굴도 보이지 않는 한 남자가 찾아왔다.

"잃을 것이라고는 아무것도 없는 늙은 어부여, 저를 바다 건너 산 조르지오 섬까지 태워주실 수 있겠소?"

"이런 험한 날씨에 어떻게 배를 몬단 말이오?"

"나는 오늘 밤에 산 조르지오 섬에 꼭 가야 하오. 사례를 아주 후하게 해 드리겠소."

사례를 후하게 해준다는 말에 자신도 모르게 배를 풀었다. 그런데 이상한 일이었다. 폭풍우와 파도가 출렁이는 바다로 들어가자 두 사람이 탄 배 주변에는 비바람도 없고 바다도 잔잔했다.

산 조르지오 섬에 도착하자 남자는 성당으로 들어가서 기사 한 명을 데리고 배에 올라탔다.

"자, 이제 리도 섬으로 갑시다. 그곳에 있는 산 니콜로 성당에 가야 하오. 당신이라면 충분히 할 수 있소. 그리고 뱃삯이 후하다는 것을 기억하시오."

어부는 다시 노를 저어 리도 섬으로 갔다. 남자와 기사는 산 니콜로 성당으로 들어가더니 주교 옷을 입은 늙은 남자의 손을 잡고 배로 돌아왔다.

"자, 이제는 '두성의 문'으로 갑시다."

어부는 기가 막혔다. '두성의 문'은 베네치아 항의 입구라고 할 수 있는 바다 한가운데 있다. 어떻게 사상 최악의 태풍과 파도 속에 바다 한가운데로 가자고 하는가?

"용감한 어부여, 용기를 갖고 노를 저으시오. 아무것도 두려워할 필요가 없소. 당신은 충분히 할 수 있다오."

그런데, 이게 어떻게 된 일인가? 험한 파도는 배를 잡아먹을 듯이 더욱 거칠고 험악해졌지만, 배가 뒤집히지는 않았다. 180도로 넘어가다가도 다시 제자리로 돌아오곤 했다. 우여곡절 끝에 무사히 '두성의 문'에 도착했다.

"자, 늙은 어부여, 우리를 다시 아까 온 섬으로 데려다주시오."

사흘 밤낮으로 몰아치던 태풍과 폭우가 가라앉았다. 어부는 뱃머리를 돌려 리도 섬과 산 조르지오 섬에 가서 기사와 주교를 내려주고 도제의 궁전 앞에서 그 남자를 내려주었다.

"기적은 정말 아름다운 일이군요. 그리고 후한 뱃삯은 어떻게 내시려오?"

"당신은 마땅히 보상을 받아야 하오. 나는 '산 마가(마르코)'요. 아까 그 기사는 성 조르지오이고, 주교는

성 니콜라스요. 오늘 우리는 악마의 침입에서 베네치아를 구했다오. 내일 도제에 가서 오늘 일을 자세히 설명하시오. 그러면 도제가 후하게 사례를 할 것이요. 그에게 이 반지를 보여주면 믿을 것이오."

남자는 자신의 손가락에서 반지를 빼주었다. 어부는 반지를 두 손으로 공손히 받아들고 이 반지가 무엇이냐고 물어보려고 고개를 들었을 때 남자는 어디로 갔는지 보이지 않았다.

다음 날 아침, 어부는 도제를 찾아가서 그간의 일을 자세히 설명했다. 도제는 성 마가, 성 조르지오, 성 니콜라스가 폭풍우와 악마의 침입에서 베네치아를 구한 사실을 알게 되었다.

"네가 원하는 것은 무엇이든지 주겠다. 화려한 주택이냐? 평생을 써도 남을 만큼의 금이냐? 어서 말하도록 하라."

"리도 섬에서 채굴한 은모래를 독점적으로 팔 수 있는 권리를 주십시오. 그것이면 만족합니다."

그날부터 어부는 베네치아에 공급되는 은모래 독점 공급권을 확보했다. 그 후, 베네치아 최고의 부자가 되었다. 어부는 돈을 번 뒤에도 궁전 앞 다리 아래에서, 고기잡이배에서 먹고 자면서 아무런 걱정 없이 편안하게 여생을 보냈다. 도제는 다리에 어부를 기념하는 대리석 그림을 새기라고 명령했다.

그 늙은 어부는 베네치아를 구한 사람으로 영원히 역사에 남게 되었다.

9시 40분에 가이드와 헤어졌다.

저녁 요기를 하고 11시에 숙소로 돌아왔다.

구글맵을 보면서도 골목이 다닥다닥 붙어있어서 몇 번이나 헤매었다.

유리공예와 레이스 수예

7시 40분까지 늦잠을 잤다.

8시 30분에 바닷가에 있는 해산물 시장에 갔다. 새벽 배를 타고 온 싱싱한 해산물이 많았다. 집게다리를 수우수욱 들어 올리는 살아있는 게가 살이 통통하다. 좋다, 오늘 아침에는 게찜을 해 먹자,

"게 1kg 주세요."

값도 싸다 만2천 원 정도, 새우도 1kg, 가리비 조개도 샀다. 게와 새우 가리비로 물의 도시 베네치아의 싱싱한 해산물을 먹자. 안쪽에 있는 채소가게로 가서 채소와 과일도 샀다. 오이, 상추, 바나나, 복숭아, 계란, 빵, 과자까지 두 보따리를 샀다. 소리와 하나씩 나누어 메고 숙소로 왔다. 차와 자전거가 없는 베네치아 골목길은 걸어 다니기에 참 좋았다.

찜통에 게 5마리를 넣고 푹푹 쪘다. 냄비에는 새우 300g과 가리비도 넣고 삶았다.

과일과 채소로 샐러드를 만들고 빵과 복숭아를 차려냈다.

"아유, 게살 좀 봐요. 아주 통통해요."

"글쎄 말이요, 아주 싱싱하고 실하군요. 베네치아에서 게찜을 먹다니."

게찜과 새우, 가리비를 빵과 함께 먹고 후식으로 복숭아를 맛있게 먹었다.

오늘은 늦잠을 자고 장을 보고, 아침을 해 먹느라 벌써 12시가 되었다. 오당과 소리는 화장을 하고 나는 설거지를 했다. .

12시 30분에 숙소를 나왔다. 오늘은 무라노MURANO 섬에 가서 유리공예를 구경한다. 골목길이 서툴러서 왔다갔다 하다가 주인아주머니를 만났다.

"안녕하세요! 차오."

"차오, 무라노에 가신댔죠? 이 골목을 돌아서 나가시면 돼요."

"그라찌에Grazie, 생큐."

12시 30분 리알토 선착장에서 수상 버스를 탔다. 10분 후면 무라노 섬에 도착한다. 늦잠을 자고 맛있는 식사를 하고 여유로운 기분으로 배를 타고 푸른 바다와 하늘을 바라보았다.

무라노 섬에 도착했다. 운하 양편 모든 가게가 유리 공예품을 진열하고 손님을 기다리고 있다. 마치 일본 아리따 도자기 축제처럼 모든 가게가 유리 공예품뿐이다. 정교하고 섬세하게 세공한 유리 공예품이 반짝반짝 빛났다. 오랜 세월 갈고 닦은 세공사들의 훌륭한 솜씨가 이런 명품을 만들어 낸 것이다.

컵과 그릇, 조명등, 목걸이와 반지, 팔찌 등 각종 액세서리가 우리를 유혹했다.

어떤 가게는 유리 공예사가 제작하는 모습
을 직접 보여주었다. 어떤 가게는 가게 뒤편
제조 공장의 문을 열어서 제조과정을 일일
이 볼 수 있도록 했다.

가게에서 감탄하며 나오는데 골목 뒤편에
서 '스와니강'의 부드러운 연주가 들렸다.
50대 남자 연주자가 30여 개의 유리잔에
물을 담아서 양손으로 잔을 문지르면서
연주를 하는 것이다. 둘러선 관광객이 환
호성을 지르며 박수를 쳤다. 우리도 박수
를 치면서 팁을 주었다.

"생큐, Japenese 곡 OK?

"No Korean 곡 강남 스타일 OK?"

"I am sorry. International song OK?"

우리를 일본인으로 착각한 연주자에게 한
국 노래를 신청했더니 잘 모르는지 영화
'해리포터'의 OST를 연주했다. 오가는 관
광객이 발걸음을 멈추고 유리잔 연주를 지
켜보며 환호성과 박수를 쳤다.

무라노 섬의 명품 유리 공예품을 선물로
사려고 술잔과 컵을 골라봤다. 명품이어서
좋긴 한데 비싸기도 하고 깨질 염려도 있어
서 망설였다. 아들한테 줄 작은 술잔 두 개
를 샀다.

무라노 섬에서 유리 공예품을 구경하고 부
라노BURANO 섬으로 건너갔다.

수상 버스를 타고 45분 후에 부라노 섬에 도착했다.

오후 3시, 달아오른 태양의 열기를 받은 부라노의 건물이 노랑 빨강, 초록, 파랑으로 화려했다. 동네 어부 한 사람이 자기 집의 벽을 자기 배의 색과 같은 노랑색으로 칠하자, 이것을 본 이웃 사람들도 맘에 든다면서 너도나도 따라서 벽과 지붕을 칠하면서 동네 전체가 노랑, 빨강, 초록, 파랑으로 꽃동네처럼 변했단다. 또 이것을 관광객이 좋아한다는 것을 알고 계속 가꾸면서 자랑스러워했다. 덕분에 부라노 섬은 화려하고 독특한 풍경의 사진을 찍을 수 있다. 분홍, 연두, 초록, 파랑, 빨강 등 다양한 색채를 가진 무지개마을이다.

부라노 섬의 특산품은 레이스 의류 제품이다. 16~18세기 베네치아 특산품인 레이스 공예품의 대표적인 생산지이다.

"엄마빠, 시장하신데 식사부터 하시고 레이스는 천천히 구경하시죠."

"그래, 4시가 다 되었네."

숙소 주인이 추천해 준 해산물 레스토랑 BAR SPORT로 들어갔다. 해산물 찜, 조개 파스타, 새우, 조개, 문어, 연어, 가리비 해산물 모듬을 주문했다. 가격은 70유로.
늦은 점심을 먹고 여유만만하게 부라노 골목을 누볐다.

가게마다 레이스 제품이 춤을 추고 있다. 레이스 의상, 레이스 커텐, 레이스 식탁보, 레이스 머플러, 레이스 손수건, 가지각색의 레이스 제품이 바람에 휘날리며 손님을 기다리고 있었다.
맘에 드는 것이 있으면 선물로 사고 싶었다. 부피도 작고 무게도 적어서 딱 좋다.
그러나 한참을 둘러봐도 마땅한 것이 눈에 안 띄었다.
"아 참, 아까 저쪽에서 본 레이스 파라솔이 좋겠어. 내가 얼른 다녀올게요."
골목을 몇 개 돌아서 그 자리로 갔더니 이미 문을 닫아버렸다.
6시 전에 모든 가게가 문을 닫기 시작했다. 아쉬워하면서 뒤돌아섰다. 6시 25분. 부라노 섬을 떠났다.

아침 일기예보에는 간간이 비가 내린다고 했는데, 하루 종일 쨍쨍 햇볕이 쏟아졌고 31도로 뜨거웠다. 다행히 가게를 드나드는 관광이어서 시원하게 다녔다.

수상 버스에 앉아서 깜빡 졸았다. 가방을 무릎에 올려놓고 두 손으로 잡은 채 깜빡 잠이 들고 말았다. 소매치기는 덤비지 않았다. 50분 후에 리알토로 돌아왔다.

7시 30분, 숙소로 가는 길에 젤라토 가게로 갔다. 성당 앞 광장 한쪽 빵 가게에서 젤라토를 샀다. 해 저무는 광장에서 젤라토를 입에 물고 달콤한 하루를 음미했다.

숙소로 돌아오니 8시 10분이었다. 땀에 젖은 옷을 벗어서 세탁기에 넣고 돌렸다. 샤워를 마친 오당과 소리는 야간 산책을 한다고 밖으로 나갔다.

"아니, 무슨 산책?

하루 종일 돌아다녔는데 또 산책을 하다니, 정력도 좋소."

소리가 TV를 켜주고 나갔다. 유럽 여행 중에 처음으로 보는 TV이다. 이탈리아 TV, 오락프로 그램이다. 서울을 떠나온 이후 보름 동안 TV와 신문을 보지 않았다.

'봉곡리 집에서는 TV를 끼고 살았는데 이렇게 보지 않고도 살 수가 있었구나.'

밤 11시가 넘어서 소리와 오당이 돌아왔다.

"아빠도 마스크 팩을 하세요."

오당이 팩을 해주었다. 20분 후, 팩을 제거하고 잠에 빠져들었다.

곤돌라로 베네치아를 누비다

새벽 4시경에 창문이 덜커덩거리는 소리에 잠을 깼다. 비바람이 불었다. 낮에도 비가 올까 봐 걱정하다가 잠이 들었다.

아침 7시.

기상하니까 아내가 아침을 준비하고 있었다.

남은 새우를 다시 굽고, 먹다 남은 게와 가리비는 살을 발라서 접시에 담았다. 오당은 샐러드를 만들고 나는 복숭아를 깎았다. 샐러드 3접시, 새우 1접시, 과일 1접시, 그리고 햇반 2인분을 데웠다. 소리는 입맛이 없다고 컵라면을 끓였다. 배부르게 먹었는데 아직 많이 남았다. 새우는 껍질을 까고, 샐러드와 오이, 과일은 한 접시에 담아서 냉장고에 넣었다.

아직 계란 6개와 햇반 2개, 황태 매생이국, 황태 굴국, 명이지, 설악추어탕, 바나나가 남았다.

오늘 저녁은 외식하지 말고, 내일 아침까지 모두 해결해야겠다.

11시에 숙소를 나섰다.

오늘은 곤돌라GONDOLA 여행이다. 교통카드와 여권 사본, 마스크를 챙겼다.

가는 길에 숙소 옆에 있는 소문난 서점 〈홍수〉로 들어갔다.

비좁은 서점에 관광객이 붐빈다. 관광객은 책을 사기보다 사진을 찍느라 바빴다. 방마다 선반과 벽과 곤돌라 상자에 책이 넘친다. 소매치기가 많다는 베네치아에 책을 슬쩍하는 소매치기는 없는 모양이다. CCTV도 안 보이는데 직원은 두 명뿐이고 안 보이는 방마다 책과 관광객으로 가득 찼다. 바깥 담벼락에는 두꺼운 책으로 계단을 만들어서 밟고 다녔다. 그 옆으로는 창을 내고, 물 위에 떠있는 곤돌라에서 사진을 찍도록 Photo zone까지 해놨다.

혹시 한국어판 책이 있는지 한참 동안 살폈으나 찾아내지 못했다. 〈곤돌라〉책-이탈리아어판을 18유로로 샀다. 마그네틱도 2개 샀다. 조금 후에 베네치아의 명물 〈곤돌라〉를 타니까 미리 살펴봐야겠다.

<홍수> 서점을 나와서 부근에 있는 광장의 산타마리아 성당으로 갔다. 평상시 무료입장이었는데 성당을 수리한다고 3유로의 입장료를 받는단다. 산타마리아 성당에는 15세기 총독 25명의 시신이 안장되어 있는 곳이다. 바닥에, 벽에, 성당 바깥벽에도 관이 매달려 있다.

25명 총독의 시신이 묻혀 있는 성당 바닥의 관 위를 걸어 다니기가 불편했다.

12시 35분, 바로 앞 골목 운하에서 곤돌라를 탔다. 30분 뱃놀이에 80유로이다.

젊은 곤돌라 맨GONDOLA MAN이 능숙하게 노를 젓는다. 마르코 폴로 생가 앞을 지나서 리알토 다리를 빠져나가자 대운하였다.

어제 다녀간 해산물 시장 앞에서 우회전하더니 금방 작은 운하로 접어들었다. S자로 휘어진 운하에는 다리가 다닥다닥 붙어있다. 이런 다리가 400여 개가 있다. 오가는 곤돌라를 만나고, 휘어진 모퉁이를 돌아가면서도 한 번도 부딪히지 않고 잘도 스쳐 지나간다. 하긴 곤돌라 한 대가 1억 5천만 원 정도라니 아끼고 조심할 수밖에 없겠지만, 노를 젓는 재주가 참 놀랍다.

다리 밑이 낮고 비좁은 곳은 곤돌라를 옆으로 기울이고 허리와 고개를 숙여서 잘도 통과했다.

"어어히요 아하아아!"

앞이 보이지 않는 직각 커브 모퉁이가 나타나면 곤돌라 맨이 큰 소리로 신호를 보냈다. 앞에서 오는 곤돌라에게 우리가 가고 있으니 조심하라는 신호를 보내는 것이다. 우리 곤돌라 맨은 미끄러지듯 노를 젓는 솜씨가 탁월했다. 30분 만에 정확하게 출발지점으로 되돌아왔다.

"그 친구 노를 젓는 기술이 정말 딱이군."

1시 30분, 숙소 주인아주머니가 추천한 파스타 전문점 ACQUISTO로 갔다. 프랑스 작가 장 콕토가 파스타를 맛있게 먹는 대형 사진 앞에 자리를 잡았다.

"우리도 장 콕토JEAN COCTEAU처럼 맛있게 먹어 보자."

버섯 스파게티, 토마토와 만두가 있는 라비올리, 굵은 면의 라디오치니를 주문했다.

파스타를 맛있게 먹는 장 콕토 사진 옆에 있는 큰 문에 '빗과 지퍼'의 그림이 있다. 화장실 표시를 회화적으로 익살스럽게 표현한 것이다. 장 콕토의 아이디어인가? '머리도 빗고 지퍼도 내려서 볼일을 보는 곳'이라는 여유 있는 안내가 좋다.

대전의 유명한 한정식집 〈살구나무〉 화장실 입구에는 진은홍 사장이 〈회장실〉이라고 써 놓았다. 손님들은 회장실이 화장실인 줄 알아차린다. 화장실이 회장실이 되었으니 이 얼마나 기분 좋은 생각인가?

파스타를 먹고 옆 골목의 TIRAMISU 전문점에서 티라미수를 사 먹었다. 한 컵에 4.5유로로 젤라토보다 2배 정도 더 비쌌다. 맛도 덜하고 양도 적은 것이 비싸기만 했다.

3시, 베네치아 중심광장인 산 마르코 광장에 갔다. 대성당에 들어가려고 긴 줄에 뒤따라 섰다. 한참 동안 줄지어 가는데 소리의 반바지를 지적하며 입장할 수 없다고 했다.

"아빠, 엄마하고 다녀오세요. 저는 밖에서 다른 데 구경하고 있을게요. 이따 만나요."

할 수 없이 우리 둘만 성당 입구로 밀려갔다.

"티켓을 보여주세요."

"아니, 무료입장 아닌가요?"

"네 오늘부터 3유로씩 받습니다."

이거 야단났네, 티켓도 없고, 유로화도 없으니…. 우물쭈물 망설이다가 그냥 되돌아 나올 수밖에 없었다.

"여보, 소리한테 카톡 좀 해보세요. 멀리 가기 전에." 나도 카톡을 눌렀지만 터지질 않았다.

"전화로 합시다."

첫날, 드골 공항에서 통화한 번호를 눌렀다. 연결이 되지 않고 알 수 없는 이탈리아 말이 쏟아졌다. 불통이다.

"이것 참 낭패군, 한 시간 뒤에나 출구 쪽으로 올 텐데, 어떻게 한담?"

우리는 끈 떨어진 연이 되고 말았다.

오당은 주변의 가게를 구경하고, 나는 연주단의 공연 소리가 들리는 레스토랑으로 갔다. 방송국에서 산 마르코 광장을 배경으로 연주자들을 초대해서 녹화하고 있었다.

'이것 참, 잘됐군, 녹화나 구경하면서 소리를 기다려야겠다.'

녹화가 끝났다. 산 마르코 대성당 출구 쪽으로 달려갔다.

"아빠! 아빠! 이종태 아빠!"

달려가는 나를 보고 소리가 아빠라고 불렀지만 알아듣지 못하고 그냥 달려가니까 이종태 이름까지 붙여서 재치 있게 불렀다. 뒤를 돌아보았다. 소리가 달려오면서 손을 흔들었다.

"아빠, 왜 그쪽으로 가세요?"

"응, 네가 출구 쪽에서 기다릴까봐 달려가는 거지."

"왜요? 언제 나오셨는데요?"

"아, 입장하지 못하고 바로 뒤돌아 나왔어. 티켓도 없고, 돈도 없어서 못 들어갔지."

"아니, 돈을 받아요? 무료입장인데요."

"어제부터 3유로씩 받는다지 뭐야."

"그럼 나와서 바로 전화하시지 그랬어요."

"전화했지. 드골 공항에 도착해서 한 전화번호로. 그런데 불통이었어."

"아이참, 이탈리아 지역 번호를 눌렀어야지요."

"아뿔싸, 그걸 깜빡하고 말았네."

"엄마는요?"

"저쪽 광장 주변을 구경한댔어. 내가 갔다 올게, 조금만 기다려."

광장 주변 가게마다 기웃거렸지만 찾지를 못했다. 아, 1시간이 지났으니까 성당 출구 쪽으로 갔나보다 생각하고 소리가 기다리는 곳으로 되돌아갔다. 오당이 소리와 함께 있었다.

"아이유, 반갑습니다. 참 오랜만입니다."

우리 세 사람은 오랜만에 반갑게 상봉했다. ㅋㅋㅋ.

놀란 가슴을 진정하고 광장 앞 선착장으로 걸어갔다. 수상 버스를 타고 맞은편 섬에 있는 산 조르지오 마조레 성당으로 갔다.

성당 종루 전망대로 올라갔다. 사방팔방이 시원하게 내려다보인다. 두근거리던 가슴이 뻥 뚫리는 것 같았다. 베네치아 비엔날레가 열리고 있는 섬도 보였다. 베네치아 국제 영화제가 열리고 있는 섬도 보였다. 바다를 가르고 달리는 유람선과 보트도 많았다. 우리를 놀라게 한 산 마르코 대성당도 보였다.

전망대를 내려와서 전시실로 들어갔다. 분산 전시되고 있는 비엔날레 작품을 관람했다. 중국인 작가의 작품 〈인간 희극〉을 중심으로 몇 사람의 작품이 전시되고 있었다.

다시 수상 버스를 타고 산 마르코 대 성당 뒤편에 있는 〈두칼레〉 궁전으로 갔다.

두칼레 궁전PALAZZO DUCALE

두칼레 궁전은 베네치아의 권력과 영광의 상징이다.
베네치아를 다스리던 도제들이 살던 이곳은 일종의 정부청사 같은 역할을 하던 곳이다. 두칼레 궁전 내부
는 르네상스 양식으로 화려하게 장식되어 있고 예술가들의 작품이 가득하다. 대평의원회의 방에 있는 세
계에서 가장 큰 유화인 틴토레토의 벽화 〈천국〉은 항상 사람들이 몰려있다.

두칼레 궁전과 틴토레토의 벽화 〈천국〉은 탄식의 다리PONTIDEI SOSPIRI를 이해하기 위해서 반드시 보아야 한다. '이렇게 살기 좋고 큰 그림이 다 있을까?' 하는 천국의 환상 속에 빠져서 탄성을 지르다가 지옥으로 가는 탄식의 다리로 들어가는 처절한 낭패감을 느껴봐야 하기 때문이다. 재판을 받은 죄인들이 탄식의 다리를 건너 지하 감옥으로 들어가면 다시는 살아나오지 못한다.

궁전을 둘러보고 〈탄식의 다리〉를 건넜다. 〈탄식의 다리〉는 중죄인이 재판을 받고 이 다리를 건너가면 살아서는 돌아올 수 없다고 해서 불리는 이름이다.

이 다리를 건너간 죄수 중에 단 한 사람이 탈출에 성공했는데, 그가 바로 세계적인 바람둥이 지오반니 카사노바GIOVANNI CASANOVA란다.

탄식의 다리는 비좁았다. 재판소에서 나와 겨우 한 사람이 지나갈 정도의 비좁은 통로였다. 일단 탄식의 다리에 들어서면 도망갈 수 없도록 좁게 만들었다. 비좁고 답답한 탄식의 다리를 건너면서 죄인도 아닌 내가 가슴이 답답했다. 아래층으로 내려와서 광장으로 나왔다.

"후유, 이 바람, 이 공기, 이 자유!"

감옥에 갇혔다가 석방되어 자유의 몸이 된 기분이었다.

베네치아에서 최고로 전망 좋은 바닷가 바에 가자고 소리가 앞장섰다. 수상 버스를 타고 내린 뒤, 골목을 돌고 돌아서 호텔 바로 갔다.

"아, 죄송합니다. 베네치아 영화제로 호텔이 임대되어서 닷새 동안 문을 닫았습니다."

이런 변이 있나? 베네치아 영화제가 음료수도 한 잔 못 마시게 하는구나.

"엄마, 폰 좀 꺼두세요. 제 폰의 배터리가 거의 다 되었어요. 이따 구글맵을 못 볼지도 몰라요."

"아니 뭐라고? 구글맵이 안 뜨면 숙소를 어떻게 찾아가지? 당신 폰은 꺼놓고 빨리 숙소로 돌아갑시다."

산 마르코 대성당에서 놀란 가슴이 금방 두근두근 뛰기 시작했다. 여기서 20분 이상을 가야 하는 거리인데 도중에 구글맵이 사라지면 큰 낭패다.

저녁을 밖에서 먹고 가기로 한 계획을 취소하고 종종걸음으로 숙소로 돌아갔다.

9시. "아, 오늘은 참 피곤하다."

리알토 다리의 선물, 그라찌에^{Grazie}!

리알토 다리의 선물, 그라찌에Grazie!

오늘은 파리로 돌아가는 날이다. 또 가방을 꾸렸다. 저녁 비행기를 타고 파리로 간다.

오당이 일찍 일어나서 아침밥상을 준비했다. 남은 과일과 채소로 샐러드를 만들고, 계란 6개도 삶고, 남은 새우도 쪄서 다 먹었다.

숙소를 청소했다. 거실과 안방, 주방, 화장실을 깨끗이 치우고 쓰레기는 통에 담았다. 가방은 챙겨서 문 앞 복도에 내놓았다. 마지막 시내 관광을 하고 다시 들러서 가져가기로 했다. 마지막은 역시 시가지 전체를 조망하는 전망대가 최고다. 전 독일 대사관 건물이었다는 〈DFS 백화점〉으로 갔다.

우선 백화점 상품을 구경하고 옥상으로 올라갔다. 무료입장이지만 사전예약을 해야만 입장할 수 있다. 유명한 전망대여서 관광객이 많이 몰려오니까 통제하는 것이다. 30명씩 모아서 입장시켰다. 옥상 전망대에 서니까 베네치아 전체가 한눈에 들어왔다. 전체 조망도에 표시된 곳을 찾아보는 재미가 쏠쏠하다.

아침 햇살을 받은 황색 지붕이 따뜻한 분위기와 안정감을 주었다.

"저기 저 다리가 리알토 다리잖아?"

바로 가까이 아래로 리알토 다리가 보였다. 시가지를 배경으로 동서남북 사방에서 사진을 찍으며 구경했다. 15분 후, 퇴장 안내를 받고 옥상 전망대를 내려왔다.

"마지막으로 리알토 다리를 한 번 더 건너보실까요?"
첫날 처음으로 건너본 다리, 그리고 세 번이나 건너게 되었고, 이제 마지막으로 또 한 번 올라가 본다. 정든 다리를 여유 있게 천천히 올라갔다.
처음에 이 다리를 놓을 때, 기둥만 세우고 가게 입주자 12명으로부터 임대료를 미리 받아 거저먹기 식으로 세웠다는 다리가 베네치아의 명물이요 관문이 되었다.
양편에 있는 12개의 가게에는 손님들로 북적거리고 있다.
"엄마빠, 이 목걸이와 팔찌 좀 보세요."
"디자인이 멋있군. 한번 안으로 들어가 보자."
"차오, 안녕하세요."

"유어 웰컴, 어서 오세요."

유리 공예품 팔찌와 목걸이 반지 같은 액세서리가
보기 좋게 진열되어 있다.

"여기 이 명품들은 무라노MURANO 장인들이 만든
유리 공예품입니다. 유리공예 장인들과 금세공 장
인들이 정성들여 만든 작품입니다. 24k 금실을 유
리 속에 넣어서 품위와 멋을 창조했습니다. 심플해
보이면서도 품위가 있는 무라노 특산품으로 인기가
있는 작품입니다."

어째서 어제 무라노에서는 눈에 띄지 않았단 말인
가? 거기에서는 더 싸게 살 수 있었을 텐데.

"여보, 이 유리공예 명품으로 선물합시다. 엄 교수
와 광우 형 형수, 김 원장 부인 선물로 좋을 것 같아
요. 당신한테는 이 팔찌에 목걸이도 선물할게요."

오당이 목걸이와 팔찌를 하고 거울 앞에서 폼을 잡
아 보았다. 심플하면서도 귀티가 나 보였다.

"좋아요. 이걸로 할게요."

"아빠, 이 네모 팔찌는 무용가 엄 교수님한테 잘 어
울릴 거예요. 그리고 이 원형 디자인은 광우 형 형수
님과 김 원장 사모님한테 드리구요."

"맞아, 이거 다 포장해주세요."

여권을 보여주고 면세 서류를 작성했다. 면세 조치
는 유럽을 떠날 때 파리 드골 공항에서 처리하면 된
다면서 서류를 넘겨주었다.

"이 서류와 선물도 같이 보여주셔야 합니다. 10% 정
도 면세가 될 겁니다."

"메르시 보꾸." "그라찌에!"

선물이 맘에 들었다. 유리잔이나 식기를 사지 않기

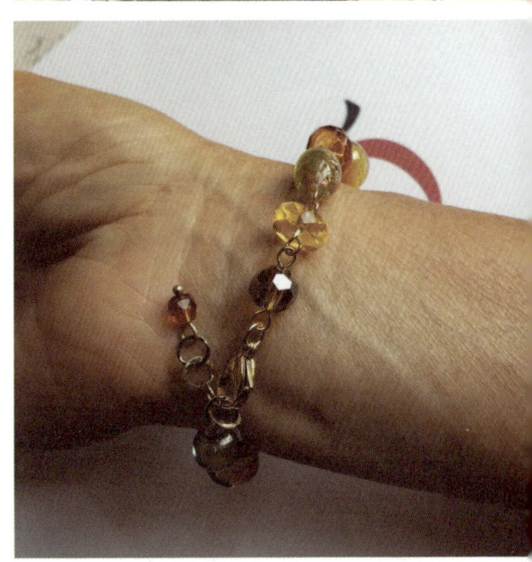

를 정말 잘했다. 깨질 염려도 없고 부피와 무게도 적어서 더욱 좋았다. 고마운 세 분한테 무슨 선물을 하는 게 좋을까 고민하던 것이 한꺼번에 해결되었다. 리알토 다리는 역시 좋은 다리가 분명하다.

이제 양선 형님과 광우 형의 선물은 파리에 가서 특산품으로 준비하자.

베네치아 무라노 특산품을 목에 걸고 팔에 걸고 가게를 나온 오당 손을 잡고 기분 좋게 걸었다. 힐끔힐끔 쳐다보며 미소를 보냈다.

"여보, 좋은 선물 사줘서 뿌듯하시죠? 당신 표정을 보면 다 알아요."

오당이 내 기분을 족집게로 집어내고 같이 웃었다.

1시, 산 마르코 광장 박물관 2층 레스토랑으로 갔다. 옥수수, 폴렌차, 라자니아, 해산물 치케리, 베네치아 스타일로 주문했다.

식사를 마치고 박물관을 둘러봤다. 그리고 3시에 산 마르코 대성당을 다시 입장했다. 입장료

3유로에 〈파라도〉 특별관람비 5유로를 내고 30분간 관람했다. 전시실 일부가 수리 중이어서 어수선했다. 이걸 보겠다고 어제 고생한 것을 생각하니 우스웠다. 대성당을 나와서 베네치아 공항으로 가는 수상 버스표를 구매했다. 15유로씩 45유로를 지불했다.

"엄마빠, 아직 시간이 있으니까 저 아래 나무 부부 다리 구경을 한 번 더 하시죠."
첫날 건넜던 나무 부부 다리, 〈아카데미아〉 다리이다. 베네치아의 마지막 풍경을 감상했다.
다리 위에서 아래쪽과 위쪽을 배경으로 사진을 찍었다.
"아빠, 베네치아의 마지막 젤라토를 드시지요."
젤라토를 손에 들고 숙소로 가면서 야금야금 핥아먹었다.

숙소에 두고 온 가방을 가지고 나왔다. 주인아
주머니께 감사와 석별의 인사를 문자로 드렸다.
"Grazie, 감사합니다."
"이제 세 분은 베네치아에서 사흘 동안 지내셨
으니 '베네치아인'입니다.
안녕히 가세요. 또 오세요. Grazia!"
"네, 그러지요. 그라찌에!"

선착장에서 수상 버스를 타고 베네치아 공항으
로 출발했다. 공항 가는 뱃길이 강렬한 햇살을
받아 반짝반짝 눈부시게 쨍쨍했다.
베네치아는 3박 4일 동안 쨍쨍한 늦여름 날씨
에 워킹투어 하기에 딱 좋았다. 소리가 하나라
도 더 보여주려고 앱을 뒤지고, 예약하고 예매
를 하느라 분주했다. 영어와 불어가 능통하고, 문화와 역사 전통을 소중히 여기는 소리가 참
기특하다.

30분 후, 5시 30분에 베네치아 공항에 도착했다.
엘리베이터를 타고 2층으로 올라가서 12분간 실내 도보로 공항터미널에 도착했다. 관광객을
위한 배려의 시설이 고마웠다. 터미널 주차장은 수많은 주차 차량으로 몸살을 앓고 있었다.
여기까지 달려온 모든 차량이 베네치아로 들어가지 못하고 올스톱이다.
베네치아 섬에는 육상 교통이 없다. 육상 3무다-자전거, 오토바이, 자동차가 없다. 넓은 도로
가 없고 좁은 골목만 있다. 수상교통으로 수상 버스-배, 유람선, 보트, 곤돌라만 있었다.

8시 30분에 비행기가 이륙해서 10시 30분에 샤를 드골 공항에 착륙했다.
택시를 타고 숙소 떼호필로 고띠에로 갔다.
샤워하고 베네치아 여행기록을 정리하다 보니 새벽 2시가 넘었다.

여행의 마침표, 베르사유 궁전

늦잠을 잤다. 10시 20분에 기상했다.

"해피 소리, 내일 공항 탑승시간이 2시간 앞당겨진 것 같아서 확인해봐야겠어."

"아닌데요. 저한테는 연락이 없었어요."

"아니야, 인천공항 이륙시간이 2시간 빨라졌다는 통보 후에, 드골 공항 이륙시간도 2시간 빨라진다고 한 것 같았어."

"아니에요. 예약자인 저한테도 통보했을 텐데 그런 통보는 없었어요."

머쓱해진 나는 폰을 뒤져서 이륙시간 변경통보를 찾았다. 몇 번을 뒤져도 변경통보 문자가 보이지 않았다.

"그래도 혹시 차질이 생기면 곤란하니까 한 번 확인 좀 해봐."

"알았어요. 확인할 테니까 식사하세요."

소리가 아시아나 항공 서비스센터로 전화를 걸었다. 통화 대기자가 많아서 10분이 지난 후에 연결되었다.

"네, 9월 3일 드골 공항 OZ502기는 19시 50분에 이륙해서 9월 4일 오후 1시 50분에 인천공항에 도착합니다. 감사합니다."

얼굴이 화끈 달아올랐다. 잘 못 알고 괜한 고생을 시켰으니 염치가 없다.

"저한테도 두 번 연락왔었어요. 한 번은 인천공항 이륙시간이 앞당겨졌다는 것이었고, 한번은 드골 공항 착륙시간이 2시간 빨라졌다는 거였어요."

"맞아, 그런 걸 내가 잘못 보고 착각한 것 같아, 미안해."

내가 소리를 끝까지 불편하게 만들었다. "I am sorry, 빠똥."

12시 30분에 숙소를 나왔다. 오늘은 베르사유 궁전CHATEAU DE VERSAILLES을 보러간다. 파리에서 남서쪽으로 22km 거리에 있는 궁전이다. 우산을 쓰고 빗길을 걸었다. 센강의 미라보 다리를 건너서 JAVEL 기차역으로 갔다. 1시 10분에 기차를 탔다. 23분 후에 도착한다.

〈프랑스에 가서 베르사유 궁전을 보지 않았다면 프랑스에 안 간 것이다.〉

그래, 9년 전에는 못 갔지만, 오늘은 간다.

"오늘도 가방 조심, 소매치기 조심하세요. 베르사유 궁전에는 관광객이 많습니다. 끝까지 안전하게, 소매치기 조심입니다."

기차에서 내려 베르사유 궁전으로 갔다. 관광객이 줄지어 들어가고 있다. 입구에서 Audio guide 한국말 폰을 빌렸다. 전시실과 작품이 바뀔 때마다 숫자를 입력하면 한국말로 해설해 주었다.

참으로 화려하고 웅장한 건물이다.

루이 14세가 궁전을 베르사유에 안착시키고, 루이 15세와 루이 필립이 확장했다. 훌륭한 궁전이 전시관으로 활용되는 것이다. 궁전의 벽화와 천장화, 조각과 그림을 감상하면서 두 시간 동안 쉬지 않고 걸었다.

"엄마빠, 여기를 다 둘러보자면 몇 날 며칠이 걸려도 다 못 봐요. 답답한데 밖으로 나가서 정원을 산책해보시죠."

베르사유 궁전CHATEAU DE VERSAILLES

17세기, 루이 13세가 사냥을 하다가 세운 오두막을 루이 14세가 위대한 궁전으로 만들었다. 커다란 샹들리에와 조각, 부조로 장식된 복도, 복도 좌우에 배치된 각각의 방이 화려하다.

왕실 예배당은 프랑스의 건축가 망사르가 바로크 양식으로 건축한 것으로 화려함과 경건함이 잘 조화된 대표적인 공간이다. 흰 대리석과 금박장식으로 기품과 화려함을 묘하게 조화시켰다. 예배당 천장 벽화는 성삼위 일체와 성경 이야기로 경건함을 보여준다.

헤라클레스 방, 풍요의 방, 비너스 방, 전쟁의 방, 평화의 방, 거울의 방이 있다. 거울의 방에는 루이 14세의 통치 기간을 나타내는 17개의 창문이 있고 맞은편 벽에 17개의 거울이 창문과 같은 모양으로 장식되어 있다. 거울의 방은 외국 대사들을 접견하고 궁정의 중요 사교모임을 개최하는 홀이다.

창밖으로는 대운하가 보이는 전망 좋은 방이다.

정원

기아학적 아름다움을 갖춘 프랑스식 정원이다.

화단과 분수의 조경이 미의 극치를 여실히 보여준다. 정원에 물을 대기 위해 만든 거대한 인공 운하와 언덕, 거울의 방 아래에 있는 물의 화단, 그리스 신화를 조각한 라톤 분수와 아폴로 분수. 이 분수와 화단이 베르사유 궁전 건물과 완벽한 조화를 이루고 있다.

왕의 수렵장이기도 한 정원은 걸어서 구경하다가 이내 무궤도 미니 열차를 빌려 타고 한두 시간을 둘러봐야 한다. 정원 한쪽에는 마리 앙투아네트 마을로 작은 〈별궁〉과 고향 풍경 〈왕비촌락〉이 있다. 베르사유에 담겨 있는 권력의 위세가 아름답고 광활한 정원에 스며들어 있다.

권력은 무상하지만 그 자취는 지금까지 남아 궁전과 정원에서 아름다움으로 꽃피우고 있어서 관광객들은 이곳을 찾아간다.

탁 트인 전망에 곧게 뻗은 대로가 광활하다. 울창한 가로수와 끝없이 펼쳐진 정원의 꽃들이
춤을 추고 있다. 하늘은 왜 이렇게 넓어 보이는가? 머리 위 전체가 파란 하늘이고 하이얀 솜이
불 뭉게구름이 쏟아져 내려오는 것 같았다.

우리는 활개를 치면서 춤추듯 걸어 다녔다. 20여 분 산책하다가 미니 트레인 매표소로 갔다.

"아빠, 앙투아네트 별궁도 가봐야 해요. 5시 30분이면 문을 닫는데요. 미니 트레인을 타고 빨
리 가시죠."

60분 임대에 38유로를 계산하고 소리가 운전대를 잡았다. 나는 국제운전면허증을 숙소에 두
고 왔다. 미니 트레인 최고 시속은 10Km, 울퉁불퉁 돌바닥 길을 털털거리며 지나갔다. 미루
나무 숲길이 울창하다.

앙투아네트 별궁을 구경했다. 아담한 건물에 실내장식도 소박하고 단순해 보였다. 소리가 앙
투아네트 고향을 꾸려놓은 〈왕비 촌락〉을 보러 가자고 했다.

"아빠. 미니 트레인을 반납할 시간이 다 됐어요. 제가 혼자 가서 반납하고 올 테니까 두 분이
이쪽 길로 따라가서 〈왕비 촌락〉을 보고 계세요."

소리는 매표소 광장으로 가고, 우리는 〈왕비 촌락〉을 찾아갔다. 금방 나온다던 〈왕비 촌락〉이
보이지 않고 숲길만 펼쳐졌다. 개를 데리고 산책 나온 주민을 붙잡고 물어보았더니 오던 길을
되돌아가라고 했다. 그러면서 문 닫을 시간이 지났을 거라고 했다. 급히 되돌아서 찾아봤지만
찾을 수가 없었다. 시간도 이미 6시 25분이다.

"에이 또 소리한테 혼나겠구만, 소리한테 전화해서 우리가 그쪽으로 간다고 합시다."
오당이 보이스 톡으로 연락했다. 아폴로 분수에서 소리를 만났다. 멋쩍게 웃었다.
"아니, 바로 옆인데 헤매시다니요?"
아폴로 분수를 지나 숲속 대로를 천천히 걸어 올라갔다. 가까운 곳에서 클래식 연주가 웅장하게 들려왔다. 영화 속의 주인공이 된 기분이었다. 연주 소리가 들리는 쪽으로 걸어가면서 공연장을 찾아봤다. 공연이 아니고 스피커를 통한 장내 음악방송이었다.
궁전으로 올라가는 계단을 다 올라가서 뒤를 돌아보았다. 석양 노을이 붉게 물들었다. 한참을 바라보다가 남쪽 정원으로 발길을 옮겼다.

베르사유 궁전과 정원을 둘러보고 8시에 나왔다.
시장하다. 아침을 11시에 먹었으니 식사한 지 9시간이나 지났다.
"엄마빠, 오늘 만찬은 모로코 레스토랑에서 할게요."
궁전 앞 사거리를 오른쪽으로 돌아서 골목에 있는 모로코 레스토랑으로 갔다. 메인 음식 쿠

스쿠스ᶜᵒᵘˢ ᶜᵒᵘˢCOUS COUS에 양고기, 소고기, 메추리고기, 모듬 꼬치를 주문했다. 쿠스쿠스는 부드럽고 풍성해서 식욕을 돋우었다. 노오란 옥수수 가루처럼 보이는 밀가루 반죽 알갱이가 접시에 수북이 담겨 있었다. 여기에 호박과 당근, 양파, 무를 함께 끓인 국물이 쿠스쿠스와 적절한 조합을 이루어 맛을 돋우었다. 건포도 장아찌, 병아리콩 반찬도 나왔다.

노오란 쿠스쿠스에 국물을 부어서 스푼으로 퍼먹는 재미가 쏠쏠했다. 처음 먹는 아프리카 모로코 음식을 만족스럽게 잘 먹었다.

"파리여행의 마지막 만찬이니까 제가 대접합니다." 소리가 83유로를 계산했다.

9시 1분 전에 베르사유 기차역에 도착해서 플랫폼으로 뛰었다. 기차가 문을 닫고 출발해버렸다. 다음 열차는 30분 후에 온다.

"에이, 조금 일찍 올 걸, 어떻게 30분을 기다려요?"

"괜찮아, 이렇게 조용한 플랫폼에서 여유 있게 쉬면서 기다리는 것도 좋구만,"

의자에 앉아서 눈을 감고 베르사유 궁전과 정원, 아프리카 모로코를 생각했다.

9시 30분 기차를 탔다. 2층으로 올라가서 나란히 앉았다. 같은 열차이지만 1층과 2층의 분위기가 달랐다. 피곤해서 잠시 눈을 감았는데 금방 파리 JAVEL 역에 도착했다.

센강 미라보 다리를 걸었다.

"와우, 서편에 달 좀 보세요."

음력 8월 초이레 달이 센강 위에 두둥실 떠 있다.

"여보, 동편엔 에펠탑이 반짝반짝 떠 있어요."

"이것 참, 호사로군. 미라보 다리에서 달도 보고, 에펠탑도 보고…"

오당이 「미라보 다리」 시를 읊었다.

미라보 다리 아래 센강은 흐르고
우리 사랑도 흘러
그 사랑을 나는 추억하네
기쁨은 언제나 고통 뒤에 오곤 했지

밤이여 오라 종아 울려라
세월은 가고 나는 머문다

손에 손 맞잡고 얼굴 마주 보면
우리들 팔 아래 다리 밑으로
영원의 눈길을 한 지친 물결이 흘러간다

밤이여 오라 종아 울려라
세월은 가고 나는 머문다.

사랑이 흘러간다. 저 물결처럼
우리 사랑도 흘러만 간다
삶은 어찌 이리도 지루한가
희망이란 왜 이리 격렬한가

밤이여 오라 종아 울려라
세월은 가고 나는 머문다.

해가 가고 달이 가고
지나간 시간도
사랑도 돌아오지 않는데
미라보 다리 아래 센강이 흐른다

밤이여 오라 종아 울려라
세월은 가고 나는 머문다.

"그 시는 아폴리네르APOLLINAIRE가 1912년에 발표한 시예요."
시 「미라보 다리」는 가난한 시인 아폴리네르가 사랑했던 여인 마리 로랑생과 헤어짐을 노래한
시다. 아폴리네르가 스물두 살에 열아홉 살의 아리따운 프랑스 처녀이자 화가 지망생인 마리

로랑생을 만났다. 몽마르트르 언덕의 허름한 집에 살고 있던 피카소가 소개한 여인이다.

하지만 두 사람의 열렬한 사랑은 사귄 지 5년 만에 엉뚱한 사건으로 끝나 버린다.

1911년 모나리자 도난 사건에 아폴리네르가 피의자로 잡혀 일주일 간 유치장에 감금되었다.

진범이 잡히면서 상황은 종료되었지만 마리 로랑생은 떠나고 말았다.

아폴리네르는 1차 세계대전에 참전했다가 1918년 독감에 걸려 서른여덟 살에 전쟁터에서 세상을 떠났다.

"아이고 깜짝이야, 언니 웬일이세요?"

"응, 친구 만나고 오는 길이야. 안녕하세요 아버님! 여행은 재미있으셨어요?"

"오, 태희 씨, 반가워요. 못 보고 떠날 줄 알았는데 미라보 다리에서 만나는 행운이 있군요."

"정말, 행운입니다. 참 반갑습니다."

"저녁 식사는 하셨어요?"

"네, 친구랑 먹고 놀다가 오는 길이에요."
"그럼, 우리 카페에서 차라도 한 잔 합시다."
아니, 어떻게 이런 행운이 있을까?
파리의 마지막 밤에, 미라보 다리에서 반가운 만남이라니.
미라보 다리를 건너서 카페로 들어갔다.

〈미라보 카페〉
1913년에 문을 연 110년이 다돼가는 미라보 카페!
태희 씨는 모이또, 소리는 코스모 폴리탄, 오당은 캐모마일, 나는 녹차를 마셨다.
반가워요. 미라보 다리, 고마워요, 미라보 카페! 브라보!
파리의 마지막 밤, 랑.스.탈.로 여행의 마지막 밤을 고마운 태희 씨와 차 한 잔을 나누도록 행
운을 주시다니, 파리의 8월 초이레 달이 무척 정겹고 귀여웠다.

파리의 선물

오늘은 파리를 떠나 서울로 간다. 21일간의 여행이 끝났다.

늦잠을 자고 10시에 아침 식사를 했다. 우리가 짐을 싸는 동안에 소리가 〈밤 단팥죽〉을 끓여서 맛있게 먹었다.

10시 30분에 숙소를 나왔다. 집을 돌봐주신 광우 형과 양선 형님께 드릴 선물을 사러 간다. 숙소 부근 자스망JASMIN 역에서 지하철을 타고 파리 중심지로 가서 라파예트LA FAYETTE 백화점으로 들어갔다. 우선 2층에서 프랑스의 유명한 마르코폴로MARCOPOLO 차를 2박스 샀다. 오당의 선물로 디자인이 멋스러운 경량다운 재킷을 샀다. 오당이 만족스러운 표정이어서 좋다. 남성 코너로 가서 캐시미어 머플러를 2개 샀다. 가볍고 부드럽고 폭신폭신해서 좋다. 두 형님께 드릴 선물이다.

"여보, 당신도 파리여행 기념으로 베레모 하나 사세요."

"아니요. 멋스러워서 좋은데 너무 비싸요. 한국산보다 네 배 이상 비싸요."

"아빠, 비싼 게 당연하죠. 이건 파리에서 유명한 디자이너 앤서니 소토ANTHENY SOTO의 작품이에요. 제가 사 드릴게요, 일단 한 번 써보세요."
"그래, 그냥, 한 번 써보기나 하자."
"아유, 멋져요. 아빠한테도 잘 어울려요."
"그래요, 하나 사세요. 당신한테도 선물하셔야죠."
거울을 들여다보면서 우물쭈물 하다가 결정했다.
"좋아. 기념이다. 사자."
"네, 잘 결정하셨어요. 잘 어울리는 선물이에요."
모자를 벗었다가 다시 한 번 눌러썼다. 내 모자가 되니까 더 멋져 보였다. 베레모 베리 굿!

지하철을 타고 자스망 역에서 내렸다. 슈퍼에 들러서 과자와 빵을 샀다. 충현서원 서실 수강생들과 강북문화센터 드럼 수강생들과 먹을 작은 선물이다. 모차르트 치즈와 스파게티, 샐러드, 바게트와 빵을 한 아름 사 들고 숙소로 돌아왔다.
마지막으로 짐을 정리하는 동안에 소리가 점심을 차렸다. 샐러드와 스파게티, 빵을 먹었다.
"아빠, 이 와인은 오빠 선물로 주세요. 로마에서 사 온 술이에요."
"그래, 고마워. 오빠한테 잘 전달할게."

소리가 질병 관리청 앱을 열었다. 〈해외여행자 신고〉를 하고 QR코드를 다운받았다.
"아빠, 귀국하시면 폰을 당장 새것으로 바꾸세요. 이건 너무 오래되어서 기능과 접속이 떨어져요. 그리고 구글맵 이용법을 익혀두세요. 영어 회화도 배우셔야 해요."
"알았어, 고마워."
〈코로나 PCR 검사는 9월 3일 0시부터 해제됩니다.〉
질병 관리청의 문자가 떴다.

3시 30분, 택시가 도착했다. 수하물 가방 2개, 기내 가방 2개, 배낭 2개를 싣고 드골 공항으로 출발했다. 30분 만에 공항에 도착했다. 먼저 면세 서류를 접수했다. 라파예트 백화점 서류를 접수했다. 베네치아 유리 공예품 팔찌와 목걸이 서류도 보충 정리해서 캐쉬 함에 넣었다.

"아빠, 5일 후에 10% 환불된대요. 둘 다 환불이 접수되었는지 확인해보세요."

아시아나 항공 OZ502 비행기 표를 티켓팅하고 수하물 가방 2개를 부쳤다. 출국심사대 앞에서 소리와 이별했다.

"고마워, 우리 딸 덕분에 즐거운 여행이었어. 우리가 말썽도 부리고 힘들게 해서 미안했어. 건강관리 잘하고 근무 잘하고 있어. 참, 10월 파리 여자마라톤 대회에서 씩씩하게 완주해 봐."

"네, 잘 들어가세요. 출국심사대 통과하시면 전화 주세요. 여기서 기다릴게요."

"그래, 고마워. 이따 전화할게. 메르시보꾸."

출국심사대에서 기내 가방 2개가 걸렸다. X-Ray에 액체가 감지되어서 가방을 열었다. 사용하던 화장품과 밤 잼 튜브를 확인하더니 원 위치시켜 주었다.

출국심사대를 통과해서 셔틀 트레인을 타고 L-22 게이트로 갔다. 소리한테 전화했다.

"해피 소리, 잘 통과해서 탑승 게이트에 도착했어. 걱정하지 말고 조심해서 들어가."

"네, 잘하셨어요. 조심해서 가세요."

"고마워, 메르시보꾸."

게이트에서 메모하며 탑승시간을 기다렸다.

7시 50분 아시아나 항공 OZ502 비행기가
프랑스 파리 드골 공항을 날아올랐다.
"승객 여러분, 감사합니다. 아름다운 여행,
아름다운 이야기, 저희 아시아나 항공을 이
용해주셔서 대단히 감사합니다.
저는 승객 여러분을 인천공항까지 안전하
게 모시고 갈 기장 김인기입니다. 인천공항
까지 운행시간은 11시간 30분 예정으로, 9
월 4일 오후 2시경에 안착합니다.
가시는 동안 편안하게 모시겠습니다. 감사
합니다."

태풍 힌남노가 오기 전에 봉곡리 안착

아시아나 항공 OZ502 비행기는 9월 4일 오후 2시 30분에 인천공항에 착륙했다.

아들 이 왕 감독이 RAY를 몰고 마중 나왔다. 여행지 마그네틱 5개, 프랑스 차 마르코폴로, 치즈, 베네치아 유리 공예품 술잔 2개, 소리가 선물한 로마 산 와인 한 병을 건네주었다.

아들은 공항 철도를 타고 서울 초원아파트로 갔다.

우리는 RAY를 운전하고 공주 봉곡리로 출발했다.

빗방울이 굵어졌다. 라디오 방송에서 태풍 속보가 나왔다.

"초특급 태풍 11호 힌남노가 제주도 남해상에서 북상 중입니다. 태풍 피해가 발생하지 않도록 철저하게 대비하시기 바랍니다. KBS."

오후 6시.

태풍을 몰고 오는 비를 맞으면서 봉곡리 집에 무사히 도착했다.

우리 가족 카톡에 문자를 올렸다.

"해피 소리, 이 감독, 봉곡리에 안착했어. 덕분에 행복한 가족여행이었어.

고마워, 안녕! 메르시보꾸, 그라찌에!"

아들, 딸!

우리의 가족여행은 84년 여름 서해안 만리포 위 '파도리 해수욕장'부터였지.

어린이 공개방송 제작으로 충남을 순회할 때, 이름이 아름다운 해변의 작은 학교 '파도리 분교'를 골라서 찾아갔지.

공개방송이 끝나고 교장 선생님의 안내로 파도리 해수욕장을 보고는 홀랑 반하고 말았어.

그해 여름휴가 때 바로, 우리는 이름보다 아름다운 '파도리 해수욕장'을 찾아간 거야.

파도리 해수욕장의 맑은 물과 동글동글 귀여운 오색 조약돌이 생각나지?

햇살을 받은 얕은 물결이 오색 조약돌과 함께 반짝반짝 춤을 추며 넘실대는 파도가 하도 좋아서 하루 종일 조약돌 물결에서 누워 뒹굴며 놀았잖아.

이 감독이 여덟 살, 해피 소리가 네 살. 엄마가 서른셋, 내가 서른다섯이었지.

그 후로 서해안 만리포, 천리포, 대천해수욕장, 무창포, 안면도를 돌아다녔지.

연말연시에는 해넘이와 해맞이를 본다고 서천 동백섬과 마량포, 당진 왜목리 해맞이 마을. 경주 불국사 석굴암, 여수 향일암까지 갔었잖아!

여수 거북산 위 향일암 아래 해변에서 숙박할 때 먹었던 모듬회는 잊을 수 없지?

"아빠, 최고예요. 맛도 좋고 양도 많고, 주인아저씨의 친절한 서비스도 최고 구요."

해피 소리가 아주 좋아했었잖아. 프랑스 OECD 근무 마치고 귀국하면 우리 또 향일암으로 가보자!

2018년 제주도 여행에서 MBC 제주방송국 김창옥 사장이 사주신 비싼 회를 먹고 식중독으로 고생한 엄마가 4년 동안 먹지 않던 회를 올가을부터 다시 먹을 수 있게 되었거든,

자가용으로 처음 '프레스토'를 사서 경북 울진 불영계곡과 동해안을 따라 경주 불국사까지 장거리를 하루 15시간 운전하며 강행군으로 몰아치던 여행도 했잖아.

부산 해운대와 태종대, 해남 땅끝마을에서 윤선도의 '어부 사시도'를 찾아 보길도를 찾아갔고…. 여름휴가 때는 전남 부안 변산반도 현대해상 리조트에서 곰소, 격포까지 해안길을 달리

면서 즐거웠지.

엄마와 아빠가 만나서 연애를 하던 전남 곡성 도림사도 갔었잖아.
소리의 손을 잡고 우리 셋이 도림사 대웅전 앞 계단을 천천히 올라가는데 오빠인 이 왕은 앞장
서서 뛰어 올라갔어. 그래서 우리 아들도 엄마처럼 좋은 사람 만나서 장가 일찍 가나보다 했는
데 아직도 혼자이니 어떻게 된 거니?

이 감독이 북경에서 영화대학을 다닐 때 북경 천안문과 만리장성까지 일주일 여행을 시켜주었
잖아. 차관에서 고급차를 마시며 변검술과 정통민요를 감상하고 펄펄 끓는 훠구어를 먹으면
서 입을 호호 불며 매운 맛을 달래던 기억도 아름다웠어.

해피 소리가 근무하던 태국과 프랑스도 다녀오고, 유엔에 근무할 때는 뉴욕에서 모녀가 38일
을 함께 지냈잖아. 엄마는 뉴욕의 도시와 분위기에 반해서, 뉴욕에서 살고 싶다고 하셔.

2019년 겨울에 소리가 일본 유후인으로 온천여행을 안내한 2박 3일.
멋있고 맛있는 일본 전통음식과 료칸 여행은 항상 가슴을 따뜻하게 해주고 있어.

작년(2021) 3월에는 엄마 칠순 기념 여행으로 이 감독이 안내한 남해 다랭이마을과 독일인 마
을 2박 3일은 가슴 뿌듯한 고마운 여행이었어. 이 감독의 카메라 연출로 영화 주인공처럼 즐
거웠지.

코로나 팬데믹pandemic으로 2년 이상 발이 묶여 있다가 코로나의 위세가 줄어들자, 해피 소리
가 4월부터 준비한 프랑스와 스위스, 이탈리아, 로마 여행은 행복하고 품격 있는 여행으로 정
말 최고의 여행이었어.
스위스의 아름다운 자연의 풍광과 프랑스, 이탈리아, 로마의 문명과 문화의 경이로움을 보여
준 소중한 여행이었어.

'후니쿨리 후니쿨라'를 배우며 꿈에 그리던 스위스, '베니스의 상인'과 '베니스 영화제'로 상상하던 베네치아에서 걸으며 구경하며 행복했던 감흥은 생동하는 에너지를 충전시켜 주어서 지금도 신명이 나고 즐거워.

여행은 정말 여유로운 행복이야. 가족여행은 더없이 소중한 선물이지.
우리 건강해서 또 가족여행을 떠나자. 해피 소리가 프랑스에서 마라톤을 하고, 스키를 타면서 즐겁게 건강을 관리하고 있어서 참 고마워.
이 감독은 탱고로 즐겁게 춤을 추며 북한산 등산과 여행 다큐를 제작하면서 튼튼한 체격을 관리해주고 있어서 든든해.

여행기를 마무리할 즈음에 프랑스 소리한테서 전화가 왔다.
"아빠, 스키 타러 왔어요."
"아니, 월드컵 축구 결승전 프랑스를 응원해야지."
"네, 조금 있다가 응원하러 갈 거예요. 아빠도 응원하세요."
"오케이. 프랑스 2회 연속 우승을 위하여, 파이팅!"

2022 카타르 월드컵 결승전에서 프랑스가 아르헨티나와 붙었다.
프랑스는 지난 대회 우승팀이고 FIFA 랭킹 4위, 아르헨티나는 FIFA 랭킹 3위에 78년 자국 월드컵에서 우승, 86년 멕시코 대회 우승팀이다.
양 팀 전적은 6 대 3으로 아르헨티나가 6승, 프랑스가 3승이다.
막강한 강호의 결승 대결이다. 아르헨티나에는 리오넬 메시가 있고, 프랑스에는 킬리안 음바페가 있다.
19일 0시, 결승전이 시작되었다.

2022년 12월 19일
봉곡리 평촌 오리당에서

귀국하자마자 이 감독이 새 폰을 사주었다.

가족여행기 3

펴낸날 2023년 2월 23일

지은이 이종태
펴낸이 이순옥
펴낸곳 도서출판 문화의힘
등록 364-0000117
주소 대전광역시 동구 대전천북로 30-2(1층)
전화 042-633-6537
전송 0505-489-6537

ISBN 979-11-87429-93-7
ⓒ 이종태 2023
저자와 협의로 인지는 생략합니다.
*잘못된 책은 구입처에서 교환해드립니다.

값 15,000원